»Ich kenne Philipp Ritter seit vielen Jahren.
Als Inhaber von Strachowitz Consulting & Training ist es
meine Berufung und Leidenschaft, Menschen dabei zu helfen,
in der Network-Marketing-Industrie erfolgreich zu werden.
Meine Aufgabe ist es, sie zu ermutigen,
die volle Verantwortung für ihr Geschäft zu übernehmen,
als Führungskraft auf das nächste Level zu gehen
und stolz zu sein auf unsere Branche.

Philipp Ritter lebt diese Werte seit mittlerweile mehr
als einem Jahrzehnt und hat tausende Menschen inspiriert
und hunderte durch persönliches Mentorship
zum MLM-Erfolg geführt. Er genießt massives
Ansehen und ist einer der Spitzenverdiener aus der
Millennial-Generation im Network-Marketing.

Wenn Du einer der glücklichen Menschen bist, die sein neues
Buch in den Händen halten, lies es aufmerksam und mach Dir
seine Erfahrungen zu Nutze. Ich bin sicher, es wird Dich
auf Deinem Erfolgsweg unterstützen.«

Michael Strachowitz
Inhaber von "Strachowitz Consulting & Training"

Bibliografische Information der Deutschen Nationalbibliothek:
Die Deutsche Nationalbibliothek verzeichnet diese Publikation in der
Deutschen Nationalbibliografie; detaillierte bibliografische Daten sind
im Internet abrufbar über http://dnb.d-nb.de

ISBN 978-3-941412-78-1

Impressum
Verlag: REKRU-TIER GmbH, München

Philipp Ritter

DAS BESTE SPIEL
MEINES
LEBENS

Inhalt

Prolog

Ein Tor zu schießen, ist großartig, aber den Pass dafür zu geben, fühlt sich noch weitaus besser an. Ich weiß, wovon ich rede, denn ich war Fußballer. Das war mein Traum, mein einziger Traum, seit ich mit fünf Jahren angefangen hatte, Fußball zu spielen. Ich wollte es und habe es geschafft, war Profi, habe bei namhaften Vereinen in der Schweiz und anschließend zwei Jahre in der ersten Liga in Marokko gespielt. Damit habe ich Geld verdient und konnte mir mein Leben finanzieren. Doch dann kam wie aus heiterem Himmel die Diagnose, dass ich an Pfeifferschem Drüsenfieber leiden würde. So platzte der Traum von einer Karriere als Fußballspieler, ohne dass es einen Plan B gegeben hätte. Es war eine furchtbare Zeit und doch das Beste, was mir passieren konnte, denn so trat Network-Marketing in mein Leben.

All das liegt einige Jahre zurück. Heute bin ich Top-Leader und arbeite mit einem Netzwerk von mehreren tausend Menschen in über einem Dutzend Ländern zusammen. Für die Führungsebene meines Unternehmens habe ich viele Menschen zu Leadern aufbauen dürfen. Meine Erfolge haben sich nicht nur in einem sorgenfreien Leben und auf dem Bankkonto bemerkbar gemacht, vielmehr gab es zusätzlich eine Art „Entlohnung", die ich nie für möglich gehalten hätte. Ich durfte reisen, war auf der ganzen Welt unterwegs, habe Traumdestinationen gesehen und vieles erlebt. Es war nicht nur der Luxus, der mir geboten wurde. Ich habe in der Ferne arbeiten und angenehme Auszeiten nehmen dürfen. Wenn du auf einer exotischen Insel Feierabend hast, musst du dich nicht erst durch den Verkehr nach Hause quälen. Du machst ein paar Schritte und bist am Strand, gehst eine Runde im Meer schwimmen und beobachtest danach spektakuläre Sonnenuntergänge. Oftmals bist du auch nicht allein dort, sondern in Begleitung, vielleicht deinem Lebenspartner, der auf Kosten der Company mit auf diese Reise eingeladen wurde, um mit dir diese einmaligen Momente zu erleben. Das bleibt dir, das kann dir niemand mehr nehmen, das zählt für immer zu den besonderen Glücksmomenten in deinem Leben.

Was denkst du über mich, nachdem du die ersten Zeilen gelesen hast? Karrieremensch? Gestresster Manager? Erfolg statt Spaß? Persönlichkeit im Karrieresumpf verloren? Geschäftspartner statt Freunde? Meine Antwort: fünfmal nein. Was stimmt, ist, dass ich Karriere gemacht habe und wohl auch weiterhin auf der Erfolgsspur bleiben werde, denn ich verfolge meine Ziele mit Plan und Struktur, das vermeidet Stress. Durch eine Vielzahl spannender und außergewöhnlicher Erfahrungen konnte ich meine Persönlichkeit entwickeln. Wenn ich vor dir stehen würde, stünde dort ein einziger Mensch. Zu einhundert Prozent Philipp Ritter. Um mich herum findet sich ein Netzwerk aus Personen, die mir sehr wichtig und ans Herz gewachsen sind. Das ist natürlich die Familie, aber das sind auch Geschäftspartner, die mittlerweile wie die eigene Familie für mich sind. Nicht zu vergessen meine Freunde. Die besten von ihnen habe ich im Network-Marketing gefunden. Das sind Menschen, die positiv denken, Energie geben und von dem, was sie tun, absolut überzeugt sind. Und es genauso lieben wie ich.

Vielleicht ist es auch der Weg, den du einschlagen wirst, um deine Träume zu verwirklichen.

The Beginning of Success

Vom Dorf in die Welt

Die Welt sei ein Dorf, heißt es. Ich komme vom Dorf, Tuggen, einem 3.000-Seelen-Örtchen in der Schweiz, am Zürichsee. Meine Eltern schenkten meinen beiden älteren Schwestern und mir eine unbeschwerte Kindheit, die von Harmonie und Fürsorglichkeit geprägt war. Ich hatte das große Glück, dass es uns nie an etwas mangelte, denn mein Vater verdiente genug Geld, und meine Mutter führte ihren eigenen Kosmetiksalon in unserem Haus. Rückblickend festigte sich in dieser Zeit bereits eine Charaktereigenschaft, die mir später sehr hilfreich sein sollte. Die Offenheit meiner Familie ließ mich inmitten der Gemeinschaft des Dorfes aufwachsen, in dem wir wohnten. Wir mochten die Gesellschaft, und so war unser Haus meist voller Gäste und Besucher. Zuweilen fühlte man sich wie in einem Gasthof - und dies brachte weitreichende Folgen für mein Leben mit sich. Heute, wo ich als Networker offen für Menschen und neue Erfahrungen sein muss, merke ich, wie sehr der aufgeschlossene Lebensstil meiner Familie den eigentlichen Grundstein dafür gelegt hat.

Und dann war da noch der Fußball. Als Fünfjähriger habe ich angefangen, im örtlichen Verein zu spielen, habe viel trainiert und stand beinahe jedes Wochenende auf dem Platz. Mich faszinierte das Spiel, der Gedanke, im Team zu gewinnen, und doch als Einzelspieler das Bestmögliche dazu beitragen zu können. Ich wollte siegen und glaubte immer daran, selbst wenn die unweigerlichen

Rückschläge in Form von Gegentoren den Weg erschwerten. Ich trainierte hart, aber als Kind denkt man nicht darüber nach, warum man dies eigentlich tut. Rückblickend weiß ich, dass ich es schon damals tat, weil ich erfolgreich sein wollte. Meine Familie und vor allem mein Vater unterstützten mich, vielleicht auch deswegen, weil er als ehemaliger Handballspieler meine Leidenschaft und meinen Ehrgeiz nachvollziehen konnte.

Mein Enthusiasmus trug Früchte, als ich mit neun Jahren die Möglichkeit bekam, gemeinsam mit einem Freund aus meiner Mannschaft zu den Grashopper's Zürich zu wechseln. Die Trainingsmöglichkeiten und das professionelle Umfeld waren wie eine neue Welt, der Wechsel wie ein Jackpot im Lotto. Schnell lernte ich dort, was Disziplin bedeutete, und wie unerlässlich diese für ein Vorankommen ist. Der zweite Wesenszug, der in mir wachsen musste, war Geduld. Das fällt gerade als Kind schwer, wie jeder, der an seine eigene Jugend zurückdenkt, bestimmt gut nachvollziehen kann. Trotzdem verwurzelten sich diese Eigenschaften tief in meinem Kopf und halfen mir später, den Dingen mehr Zeit zu geben, damit sie sich wirklich entwickeln konnten.

STEPS to SUCCESS
Deine ersten Voraussetzungen, um erfolgreich zu werden:
Disziplin und Geduld

Die Zeit bei den Grashopper's legte den Grundstein, ohne den ich späteren Herausforderungen nicht hätte begegnen können. Vier Jahre lang wurde ich hier sportlich und persönlich geprägt. Nach diesen intensiven, aber schönen Jahren wechselte ich zu einem weiteren Schweizer Topverein, zum FC Basel. Hier winkte mir ein professioneller Vertrag, was für einen jungen Burschen wie mich, der gerade einmal dreizehn Jahre alt geworden war, wie ein Märchen klang. So spielerisch auch die Jahre zuvor trotz einiger Entbehrungen gewesen waren, so sehr merkte ich nun, welche Opfer es verlangte, wenn man richtig erfolgreich sein will. Zeitraubende Hin- und Rückfahrten, hartes Training, steigende Erwartungshaltungen. Trotzdem nahm ich all das gerne auf mich, winkte doch immerhin ein Profi-Vertrag am Ende des harten Weges. So dachte ich zumindest.

Als die Verhandlungen über eine schriftliche Fixierung meiner fußballerischen Zukunft begannen, stellte sich heraus, dass die Vorstellungen des Vereins mit meinen eigenen nicht vereinbar waren. Meine Enttäuschung war natürlich groß, denn ich hatte auf diesen Moment hingearbeitet und mir etwas anderes ausgemalt, als es der Verein augenscheinlich getan hatte. Glücklicherweise konnte ich auf die ehrliche Meinung meines Beraters zählen, der mir ebenfalls davon abriet, zu unterschreiben. So trainierte und spielte ich weiter ohne Vertrag. Dies trug allerdings nicht zur Verbesserung des Klimas zwischen dem FC Basel und mir bei, wie man sich sicherlich vorstellen kann. Letztendlich blieb mir nichts anderes übrig, als noch einmal den Verein zu wechseln. Mein Weg führte zum FC St. Gallen, denn eine Zukunft beim FC Basel schien aufgrund der vorangegangenen Geschehnisse nicht mehr erfolgversprechend. Dass dies die richtige Entscheidung gewesen war, zeigte sich einige Zeit später. Die Dinge entwickelten sich doch noch zum Guten - manchmal hilft es einfach, geduldig auf den richtigen Moment zu warten Allerdings ist das mit der Geduld so eine Sache. Sie gehört zum Spiel, das lernst du schon ganz früh auf dem Rasen. Du musst die Zeit haben, Spielzüge entwickeln zu können, Pässe vorzubereiten. Natürlich muss es auch manchmal sehr schnell gehen, aber ohne Köpfchen und ohne Nachdenken läuft es nicht. Leider hat sich das Verständnis bei den Fans inzwischen geändert. Beim Event Fußball muss geliefert werden. Da dürfen die 90 Minuten nicht zur Geduldsprobe für die Zuschauer werden, die wollen etwas bekommen, für ihr Geld und ihre Zeit. Die Fähigkeit zu warten ist unbequem und lästig geworden.

Die „Geduld am seidenen Faden" ist längst gerissen. Ob das gut ist? Ich für meinen Teil weiß, dass auch heutzutage Geduld unverzichtbar ist. Wäre ich ohne Geduld in ein Spiel gegangen, hätte ich meinen Job ohne Geduld begonnen, dann wäre ich längst raus. Auch wenn du dir wünschst, dass alles lieber heute als morgen passieren sollte: So funktioniert es einfach nicht. Das gehört zum Leben. Du kannst nicht immer im Zeitraffer leben, das hältst du nicht lange durch. Heute kann ich sagen, dass Geduld mich gelassener gemacht hat. Und mit Geduld habe ich meine Erfolge erzielt, auch wenn man sich das vielleicht als junger, ungestümer Mensch nicht vorstellen kann. Wissenschaftler haben inzwischen herausgefunden, dass Geduld neben Intelligenz und Talent zu den Schlüsseln für Erfolg im Beruf und im Leben zählt. Darüber hinaus hilft sie deiner Gesundheit und wenn man den Forschern glauben darf, sorgt sie auch für einen pralleren Geldbeutel. Ich jedenfalls kann das unterschreiben. Ich bin mir sicher, dass mir Geduld, auch wenn mir das damals noch nicht klar war, in meiner Fußballerkarriere ebenfalls geholfen hat. Manchmal musst du warten, bis sich eine Chance ergibt, einen weiteren Step in deiner Vita zu gehen. Bei mir war das dann gleich ein großer Schritt, heraus aus der Schweiz, auf einen anderen Kontinent.

Ich war sechzehn, als ich nach einer Verletzung mit einigen anderen Spielern zur Regeneration in ein Trainingslager ins nordafrikanische Agadir in Marokko geschickt wurde. Für einen Schweizer Jungen aus Tuggen war Marokko sehr weit weg. Zwei Wochen wurden wir hier wieder in Form gebracht - unter den Augen einiger Verantwortlicher des ansässigen Erstligisten. Kurz bevor wir unsere Heimreise antreten sollten, sprach man mich an. Man habe mein fußballerisches Potenzial erkannt und würde mir gerne ein Angebot unterbreiten. Zurück in der Schweiz analysierte ich meine Situation. Die Schule hatte ich gerade beendet und meine Zukunft lag im Fußball. Ich überlegte hin und her, bis sich immer mehr die Überzeugung durchsetzte, den Schritt ins Ausland wagen zu wollen und in der ersten Division für Agadir zu spielen. Es war eine einmalige Chance, doch es mischten sich auch nachdenkliche Fragen in meine Freude. Sollte ich vielleicht nicht doch lieber eine Ausbildung machen oder sogar studieren? War es wirklich richtig, sich ausschließlich auf den Fußballtraum zu verlassen?

Gemeinsam mit meinem Vater wog ich alle Optionen und die jeweiligen Vor- und Nachteile ab. Letztendlich war er es, der mir eine Zusage nahelegte. Er hielt es für eine gute Möglichkeit, mit Blick auf mein zukünftiges Leben Auslandserfahrungen zu sammeln. Wahrscheinlich hatte ich im Innersten nur auf ein Argument wie dieses gewartet. Ich reiste erst einmal für 14 Tage nach Agadir, um mir alles vor Ort anzusehen. Dort stand meine Entscheidung schnell fest: Ich wollte es versuchen, wollte die Gelegenheit am Schopfe packen und für zwei Jahre nach Marokko ziehen! So konnte ich zum einen meinen Traum weiter verfolgen und gleichzeitig meinen persönlichen Erfahrungsschatz erweitern, was mir später in meinem Berufsleben sicherlich nützlich sein würde. Ich war also zufrieden, mein Vater ebenso. Lediglich meine Mutter hielt herzlich wenig von dieser Idee, denn wie gesagt: Für Menschen aus Tuggen ist das afrikanische Königreich sehr weit, für Mütter, die ihren Sprössling ziehen lassen, unendlich weit entfernt. Letztendlich war es ein Zufall, der die Sorgen meiner lieben Mutter doch ein wenig zerstreuen konnte. Der Präsident des Vereins, der zufälligerweise zugleich der Gouverneur der Stadt war, übernahm schriftlich die Verantwortung für mich. Und so stand es plötzlich direkt vor mir: das Abenteuer, als Sechzehnjähriger für zwei Jahre nach Marokko zu gehen. Das Gefühl war unglaublich. Gleichzeitig wurde mir jedoch bewusst, dass ich meine Familie lange Zeit nicht mehr sehen würde. Und dass ich mich in einem fremden Land mit einer unbekannten Kultur zurechtfinden musste.

Bis zu diesem Zeitpunkt kannte ich nur das behütete, abgesicherte Leben in der Schweiz. Plötzlich sah ich mich einer vollkommen anderen Welt gegenüber. Um mich herum war die Armut allgegenwärtig, Menschen, die nichts besaßen. Und wenn doch, dann zumeist nur den Fußball und damit den Verein, für den ich spielen würde. Es mag überraschen, dass ich genau von diesen Menschen Unmengen von Inspiration erhielt. Sie hatten so gut wie nichts, bestenfalls das Allernotwendigste zum täglichen Überleben. Und was taten diese Leute? Sie lachten und hatten Spaß. Sie lebten wirklich. Und sie teilten das Wenige, was sie besaßen, voll Freude mit anderen. Ich begann mich zu fragen, ob es wirklich richtig sei, wie die meisten Menschen in Deutschland, der Schweiz oder Österreich lebten. Ich wollte mir die Offenheit, die ich dort erlebte, zueigen machen und niemals verlieren.

Ich erinnerte mich an Menschen, die ich getroffen hatte. Menschen, die ich mochte. Menschen, deren Leben vollkommen vorhersehbar geworden war. Mir wurde erst im fernen Marokko wirklich bewusst, wie sich deren Leben in einer kleinen Hutschachtel verloren hatte, wie sie das Korsett um sich herum immer enger gezogen hatten. Meist ist dies bei Personen im Alter von etwa 25 Jahren zu beobachten. Plötzlich werden die ausufernden Ideen für die eigene Zukunft zu einer absurden jugendlichen Träumerei abgestempelt. Plötzlich schrumpft die Welt auf Erbsengröße zusammen. Das eigene Leben scheint sich nur noch auf einem Bierdeckel abzuspielen. Arbeit, Essen, Fernsehen. In drei Jahren die tariflich zugestandene Gehaltserhöhung. Urlaub im All-Inclusive-Hotel mit garantiert deutschsprechendem Personal. So zumindest kenne ich es aus der Schweiz, aus Deutschland und aus Österreich. Und ich frage mich, warum dies in Marokko so ganz anders ist. Hier weiß man, dass das Leben sich immer wieder ändert, Kapriolen schlägt, dich mit einer Welle mitnimmt und woanders etwas tropfend, aber wohlbehalten wieder absetzt. Oft beobachte ich in den westlichen Demokratien, dass die gesellschaftliche Sättigung viele Menschen träge macht. Ihr Geist wird unbeweglich, ihre Offenheit, Neues zu entdecken und zu erleben, nimmt ab. Dabei bietet das Leben so viel an Ideen und Möglichkeiten, dass wir uns glücklich schätzen sollten, diese erfahren zu dürfen. Die Zeit, die mir der Fußball in Agadir schenkte, änderte meine Persönlichkeit, ließ sie reifen und, so abgedroschen das auch klingen mag, mich erwachsen werden. Es schloss sich eine der wichtigsten Lehren meines Lebens an: der Umgang mit Druck.

In Marokko, gerade unter den armen Bevölkerungsschichten, hat Fußball einen enorm hohen Stellenwert. Fußball bietet beinahe die einzige Möglichkeit, dem Alltag und der Armut zu entfliehen. Für die Fans, die voller Begeisterung die Spiele verfolgen, ist es eine Möglichkeit, die täglichen Sorgen und auch ihre Bedürfnisse für eine gewisse Zeit zu vergessen. Wer in Marokko seiner Familie ein wenig Wohlstand bieten will, findet die Möglichkeit dazu oft nur darin, erfolgreicher Fußballer zu werden. Natürlich steht dies in einem krassen Gegensatz zu der Schweiz, wo Fußball auch begeistert verfolgt wird, aber nur selten eine derart existenzielle Stellung einnimmt. Die Absicherung der Menschen in Mitteleuropa ist in einem Maße gewährleistet, wie es im Norden Afrikas kaum vorstellbar ist. Der Unterschied zeigt sich verständlicherweise auch im Fanverhalten, in der Intensität, wie sie ein Spiel wahrnehmen und begleiten. In Marokko läufst Du in ein Stadion ein, in dem dich die atemberaubende Geräuschkulisse tausender frenetischer Fans empfängt - und für die kämpfst, rennst und quälst du dich.

Ich war der Jüngste in der Mannschaft, noch nicht einmal 17 Jahre alt. Einige Mitspieler hatten schon etliche Jahre Fußballgeschäft auf dem Buckel, haufenweise Erfahrungen gesammelt und gingen mit den meisten Situationen und Umständen routiniert um.

Ich war begierig darauf, mehr zu lernen, meine Komfortzone zu verlassen. Und ich lernte, mit dem bereits angesprochenen Druck umzugehen. Denn eine andere Möglichkeit hatte ich gar nicht, wollte ich nicht bereits untergehen, bevor jemand im weiten Rund des Stadions überhaupt meinen Namen kannte. Wahrscheinlich werden sich die meisten vorstellen können, wie es ist, wenn sich dieser immense Druck in der eigenen Brust aufbaut, das Herz rast und die Beine weich werden, wenn tausende von Menschen dich beobachten, anfeuern und bejubeln, damit du für sie siegst. Wenn du aber diesen Druck in Leistung umwandelst, kannst du plötzlich fliegen und kennst keine Schmerzen mehr. Dieses Gefühl war das Beste, was mir bis zu diesem Zeitpunkt je passiert war. Wenn ich an den Fußball zurückdenke, sind es diese Bilder, die immer wieder ein Lächeln auf mein Gesicht zaubern.

Ich war noch nicht einmal volljährig und hatte durch meine Zeit als Fußballer bereits viel fürs Leben gelernt. Ich wusste, was es bedeutet, mit Druck umzugehen. Ich habe gelernt, schwierige Situationen auszuhalten. Das hilft mir heute so gut wie damals. Wenn man es schafft, diesen Druck mit einer hohen Belastbarkeit zu kombinieren, hat man bereits einen wichtigen Meilenstein auf dem Weg zu außerordentlichem Erfolg gelegt. Hört sich einfach an? Ist es auch. Aber es erfordert die richtige Einstellung.

> **STEPS to SUCCESS**
> *Verlasse deine Komfortzone. Lerne, mit Druck umzugehen.*
> *Es macht dich stärker!*

Nimm dir einmal fünf Minuten Zeit und sieh dir dein Umfeld an. Ist es richtig, wie die große Masse unserer Gesellschaft eingefahren lebt und unflexibel agiert? Sollten herausfordernde Situationen weiterhin möglichst umgangen werden? Gibt es immer nur den einen Weg, der zum Ziel führt? Es war meine Zeit als Fußballer und hier gerade die zwei Jahre in Marokko, die mich meine persönliche Antwort darauf haben finden lassen: Vollkommener Blödsinn, das alles ist schlichtweg falsch! Und ich selbst bin das beste Beispiel dafür.

Ich wünsche mir, dass die Menschen offener für Neues wären
und dass sie sich trauen, unbekannte Wege einzuschlagen.
Wenn ich sage, wir können alles erreichen, was wir wollen,
hört sich das einfach und wie ein schöner Traum an.
Doch davon bin ich zutiefst überzeugt.
Nicht, dass es ein Kinderspiel ist, aber es ist möglich.

Leute, traut euch, macht euch auf den Weg. Es lohnt sich. Meine Geschichte soll das zeigen, meine Geschichte, die an diesem Punkt eigentlich erst beginnt.

Neue Kraft aus Rückschlägen

Karriereende ohne Plan B

In einem Ende steckt auch immer ein neuer Anfang. Das ist eine alte, bekannte Weisheit, die sich auch bei mir bestätigen sollte. Allerdings lernt man manchmal mit der Brechstange, dass viele Dinge im Leben nicht selbstverständlich sind. Es war in einem Ligaspiel, als ich mit dem Kopf voran in einen meiner Gegenspieler krachte und das Bewusstsein verlor. Es fühlte sich an, als ob plötzlich alle Lichter dieser Erde ausgeknipst worden wären. Ich hörte nichts mehr, nur einen langen, schrillen Ton. Ansonsten war um mich herum alles in ein tiefes Schwarz getaucht. Überraschenderweise kam ich recht schnell wieder zu mir und fühlte mich nicht einmal schlecht. Zwar brummte mein Kopf ein wenig, aber das war im Verhältnis zu der Heftigkeit des Aufpralls ein geringes Übel. Für mich stand in diesem Moment fest, dass ich weiterspielen konnte.

Es dauerte einen Tag, bis ich die Quittung erhielt. Fühlte ich mich am Morgen noch so frisch und ausgeruht, dass ich dem Zwischenfall aus dem Spiel nicht einmal einen einzigen Gedanken widmete, so bezahlte ich für meine Unachtsamkeit nur wenig später. Ich war in der Stadt unterwegs, als ich plötzlich zusammenbrach. Diesmal jedoch hielt mich das Dunkel fest in seinen Klauen. Ich kann nicht sagen, wie lange ich die Besinnung verloren hatte, aber ich lag im Hotel, als ich wieder zu mir kam. Neben mir saß ein Arzt und untersuchte mich. Ich kann von reinem Glück sagen, dass mich in der Stadt jemand erkannt hatte. Ärztliche Behandlungen sind in Marokko keine Selbstverständlichkeit und setzen voraus, dass die Bezahlung dafür garantiert werden kann. Wäre dieser Zufall nicht gewesen, hätte man mich wahrscheinlich meinem Schicksal überlassen (und du würdest nicht dieses Buch in deiner Hand halten). Der Arzt teilte mir mit, dass ein Teil meines Gehirns angeschwollen sei und dadurch Nervenbahnen unterbrochen wären, die den plötzlichen Zusammenbruch herbeigeführt hätten. Eine Gänsehaut breitete sich über meinem ganzen Körper aus, als ich diese Diagnose vernahm. Meine Kehle schnürte sich zu, und ich bekam kein Wort heraus. Schlagartig wurde mir bewusst, dass ich gerade noch einmal mit dem Leben davongekommen war. Meine Sorglosigkeit hätte tödlich enden können.

Bis zu diesem Vorkommnis hatte das Thema Gesundheit keinen Platz in meinen Leben. Doch plötzlich hatte ich Angst. Das Erlebnis hatte mich wachgerüttelt, und mein Wohlergehen war auf einmal keine Selbstverständlichkeit mehr für mich. Mir wurde mit einem Mal bewusst, dass das Wichtigste die eigene Gesundheit ist, in die man eine Menge Aufmerksamkeit und Energie investieren muss, um sie zu erhalten. Bis heute versuche ich, Menschen dafür zu sensibilisieren, versuche, ihnen zu zeigen, dass jeder Erfolg und alles Geld der Welt nichts wert sind, wenn wir dem Leben gesundheitlich nicht standhalten können. Manchmal frage ich mich, warum es Menschen so schwer fällt, auf sich selbst zu achten, auf den eigenen Körper, der alle Lasten des Lebens mit sich herumschleppen muss. Es hilft jedem, kurz in sich zu gehen und sich zu fragen: „Gehst du achtsam mit dir um? Denkst du wirklich aktiv daran, dir und deinem Körper etwas Gutes zu tun?" Achtsamkeit beginnt schon bei unseren Gedanken, denn meistens sind wir damit beschäftigt, uns den Kopf über unsere Vergangenheit oder unsere Zukunft zu zerbrechen. Wir machen uns Sorgen, weil wir nicht wissen, was uns erwartet. Oder wir machen uns verrückt mit Gedanken über unsere Vergangenheit, denn einiges würden wir heute so gerne anders machen. Das quält unsere Psyche und raubt viel von unserer Energie. Dabei sollte vielmehr das Hier und Jetzt im Vordergrund stehen, denn was du heute säst, das erntest du in Zukunft.

Auf meinen Körper zu achten, musste ich erst lernen und zwar auf einem Weg, der mich viel mehr hätte kosten können als meine Fußballkarriere. Ich bin bestimmt nicht der Einzige, der seinem Körper nach einer Verletzung nicht genügend Ruhe gegönnt hat, um sich zu regenerieren. Und das zählt zu den größten Dummheiten meines Lebens. Nach dem Zusammenprall hätte ich auf Nummer Sicher gehen müssen, das Spiel abbrechen und mich sofort untersuchen lassen sollen. Es fällt schwer darüber nachzudenken, was dieser falsche Ehrgeiz für Folgen hätte haben können. Wir neigen dazu, immer nur funktionieren zu wollen, dabei sollten wir uns merken:

STEPS to SUCCESS
An erster Stelle stehe ich, meine Gesundheit!
Geht es mir gut, kann ich Leistungen bringen
und auch andere unterstützen.

Nach zwei Jahren in Afrika war es soweit: Die Rückkehr in die Schweiz stand bevor. Marokko hatte mich reifer gemacht, hatte mir viel beigebracht und meine Augen wachsamer werden lassen, wachsamer für mich und meine Mitmenschen. Eine solche Auslandserfahrung würde ich jedem, der mir begegnet, aus tiefstem Herzen empfehlen. Sie fördert die Selbständigkeit und man lernt viel über sich selbst. Ich bin der festen Überzeugung, dass diese zwei Jahre meinen äußerst frühen Erfolg im Network-Marketing wesentlich beeinflusst haben. Eigenverantwortung und ein starker Wille sind die Grundbausteine, um nachhaltig Erfolge zu erzielen und sie vor allem zu erhalten. Ob ich diese Kompetenzen auch in der Heimat entwickelt hätte, wage ich zu bezweifeln.

Ich freute mich darauf, in die Schweiz zurückzukehren. Trotzdem hatte ich gemischte Gefühle, denn es war verwirrend, das Land zu verlassen, in dem ich so viel erlebt und gelernt hatte, wo ich mich heimisch gefühlt hatte. Letztendlich war aber von Beginn an der Plan so gewesen. Daheim warteten schon die ersten Probetrainings auf mich, die mein Manager organisiert hatte. Auch ein Training bei Energie Cottbus in Deutschland, die zu jener Zeit in der ersten Bundesliga spielten, stand auf dem Programm. Ich muss gestehen, dass es mir von Anfang an hervorragend gefiel. Ich merkte zum ersten Mal, dass ich es schaffen konnte, mit hochkarätigen Profis voll und ganz mitzuhalten. Während der folgenden Probezeit erhielt ich die Möglichkeit, bei einigen Testspielen mitzuwirken, um mich für einen Vertrag zu empfehlen. Und ich ergriff die Chance, spielte auf dem gleichen Level wie meine Mannschaftskameraden und die Gegner. Ich spielte nicht nur in diesem hochprofessionellen Team mit, ich konnte sogar Akzente setzen. Es folgte ein Angebot von

Energie Cottbus, für deren zweite Mannschaft zu spielen. Trainieren sollte ich mit der 1.Bundesligamannschaft, mit Profis, die in der höchsten deutschen Spielklasse zu Hause waren. „Eine gewisse Zeit bei der zweiten Mannschaft Spielpraxis sammeln und mit der 1.Mannschaft trainieren, dann haben wir dich auch schon bald in der 1. Bundesliga", versprach mir der damalige Trainer des Vereins. Doch wieder einmal zeigte sich, wie nah Freud und Leid zuweilen beieinander liegen. Ein Steuerskandal erschütterte den Verein und erregte landesweit Aufsehen. Dieser sorgte auch dafür, dass mein Angebot nicht mehr gehalten werden konnte. Schweren Herzens kehrte ich zurück in die Schweiz, denn ich musste spielen, brauchte die Praxis, um nicht zurückzufallen und mein Ziel nicht aus den Augen zu verlieren.

Wieder in der Heimat fühlte ich mich schwach und ausgelaugt, wie ein alter Packesel am Ende seiner Kräfte. Ich schaffte es nicht, mich zu erholen und entwickelte mich auch nicht so weiter, wie ich es mir erhofft hatte. Irgendetwas raubte mir die Kraft, meine Muskeln schmerzten nach jedem Training unerträglich. Etwas stimmte nicht mit mir. Ich konnte es einfach nicht erklären und entschied mich dazu, einen Arzt aufzusuchen. Er diagnostizierte nach einigen Untersuchungen das Pfeiffersche Drüsenfieber. Dies erklärte zumindest, weshalb ich mich nicht erholen konnte. Ich begann eine medikamentöse Therapie, die jedoch nicht anschlug. Ich probierte es sowohl mit schulischen als auch alternativen Heilmethoden, aber nichts verschaffte Linderung, geschweige denn Heilung.

Wie man sich vorstellen kann, begann ich stark an meiner zukünftigen Karriere als Fußballprofi zu zweifeln, die doch bisher einen so vielversprechenden Verlauf genommen hatte. Es war an der Zeit, dass ich mir einen alternativen Plan überlegte. Doch was sollte ich tun, wenn ich nie wieder meine alten Kräfte zurückerlangen würde? Ich hatte keine berufliche Alternative, nachdem nun der Traum von der Fortführung meiner Fußballkarriere geplatzt war.

Stell dir einmal vor, du wirst durch einen Unfall, eine Krankheit oder einen tragischen Unglücksfall in deinem nahen Umfeld aus deinem bisherigen Leben gerissen. Das ist der Moment, in dem plötzlich alles anders ist. Nichts ist mehr wie vorher, alle Zukunftspläne sind mit einem Mal dahin. Was tut man in einem solchen Moment? Die Festplatte neu formatieren? Das ist bei uns Menschen leider nicht möglich. Gut gemeinte Ratschläge aus dem Freundeskreis helfen hier leider auch nicht weiter, denn Sätze wie „Wenn eine Tür sich schließt, öffnet sich eine andere." kennen wir zur Genüge. Wir wollen sie aber in diesem Moment nicht hören. Wir können das auch nicht glauben. Noch nicht. Bei mir hat es auch ein wenig gedauert.

Ich fiel in ein tiefes Loch. Wenn man ein weißes Blatt Papier nimmt und in die Mitte einen schwarzen Punkt malt, blickt man auf meinen damaligen Seelenzustand. Ich habe nur noch den schwarzen Punkt, sprich das Negative gesehen. Nicht das viele Weiß drumherum, nicht das viele Positive. Genau das aber hat mich letztendlich dazu gedrängt, eine Offenheit für Neues zu entwickeln. Die Erfahrungen, die ich in Marokko gemacht hatte, sollten sich hier zum ersten und nicht zum letzten Mal bezahlt machen. Vielleicht war es Glück, vielleicht war es Schicksal. Wie auch immer man es nennen mag, ich wurde aus meiner persönlichen

Misere gerettet. Ohne es anfänglich überhaupt zu merken, erhielt ich die Möglichkeit, mein Leben neu zu ordnen, meine Persönlichkeit zu entwickeln und eine Karriere zu starten, wie ich sie mir zuvor außerhalb des Fußballplatzes nie erträumt hatte. Ich wurde in die Welt des Network-Marketings „hineingeboren" - in eine neue, spannende und ungemein aufregende Welt.

In dieser Branche gab es Menschen, die erfolgreich waren. Und das faszinierte mich, wie Erfolg mich immer fasziniert hatte. Ich neidete ihnen ihren Erfolg nicht, im Gegenteil, vielmehr interessierte mich, warum sie erfolgreich waren. Auf der anderen Seite fragte ich mich, warum andere nicht erfolgreich waren. Ich sah diesen Zeitpunkt in meinem Leben als den Startpunkt, eben dieses herauszufinden. Denn auch das wusste ich schon immer: Ich will es, ich werde erfolgreich sein. Und ich hatte durch meine Krankheit gelernt, dass die Grundvoraussetzung hierfür war, gesund zu sein und gesund zu bleiben.

Mein Gesundheitskonto

Es gibt ein deutsches Sprichwort, das universell ist. „Gesundheit ist der größte Reichtum". Solange du gesund bist, machst du dir darüber keine Gedanken. Das habe ich auch nicht gemacht. Wozu auch? Alles läuft, alles ist gut, so habe ich Fußball gespielt. Ich bin davon ausgegangen, dass mein Körper einfach dazu da ist, mir meine Träume zu erfüllen, ohne, dass ich dafür etwas tun muss. Es ist ja nicht so, dass du als Sportler deinen Körper mit ungesundem Essen, Alkohol oder sogar Drogen malträtierst. Wir haben auf uns

geachtet, haben vernünftig gegessen und uns auch Ruhepausen gegönnt. Dennoch waren wir keine Heiligen. Natürlich schlägt man
auch mal über die Stränge, weiß es besser als die Erwachsenen,
als der Trainer. Aber ich kann auch von mir sagen, dass ich eigentlich zu den Vernünftigen gehört habe. Deshalb hat es mich
noch mehr aus der Bahn geworfen, als ich krank wurde, als ich das
Pfeiffersche Drüsenfieber bekam. Warum ich? Auf einmal habe ich
gemerkt, dass der Körper ein Eigenleben führt, dass er rebelliert.
Dass er dich nicht fragt, ob du dazu Lust hast, ob es dir gerade in
den Kram passt. Ich habe durch die Krankheit schon als junger
Mensch gelernt, dass Gesundheit nicht selbstverständlich ist. Ich
bin dankbar dafür, dass es mir wieder gut geht, dass mein Körper
sagt, okay, einen Denkzettel habe ich dem Philipp verpasst, aber
jetzt soll er mal machen, seinen Weg gehen, ich unterstütze ihn.

Hätte ich damals, vor der Erkrankung auf einer Skala von 0
bis 10 angeben müssen, wie wichtig mir Gesundheit ist, hätte ich,
wenn ich ehrlich bin, wahrscheinlich eine Zahl im unteren Bereich
genannt. War ja alles o.k.! Und heute? Heute gebe ich ganz bewusst
und mit höchstem Respekt eine Zehn, die für „außerordentlich
wichtig" steht. Ich glaube, dass die meisten Menschen eine Sieben
bis Acht wählen würden: „Ziemlich wichtig", aber nicht oberste
Priorität. Dennoch verhalten sie sich so, als wäre Gesundheit ein
Bankkonto. Als Schweizer, und du weißt ja, wir sind die Nation
der Banken, mahne ich:

*Du kannst nicht unbegrenzt von deinem Gesundheitskonto
abheben. Du musst auch einzahlen. Regelmäßig.*

Bleiben wir weiter beim Bankkonto, das versteht in unserer zivilisierten Konsumgesellschaft jeder. Darüber machen sich die meisten Menschen sicherlich mehr Gedanken als über ihre Gesundheit. Was passiert, wenn du nur abhebst und nie oder wenig einzahlst? Du minimierst deine Haben-Seite. Irgendwann bist du bei Null. Und dann? Dann gehst du ins Soll, ins Minus, du bist beim „körperlichen Dispokredit" angelangt. Ich muss dir nicht sagen, dass die Bank dann Überziehungszinsen verlangt. Die nimmt sie sich, unerbittlich. Du weißt das natürlich, nun spürst du es aber. Das tut weh - deiner Geldbörse oder eben deinem Körper.

Natürlich kannst du auch nicht vom Umkehrschluss ausgehen: Ich lebe gesund, dann bekomme ich niemals eine Krankheit. Viele Krankheiten suchst du dir nicht aus, sie kommen, ungefragt und weil sie es wollen. Da bist du machtlos, aber du kannst zumindest versuchen, auf dich zu achten und deinen Körper als deinen Freund anzusehen, der dir sehr wichtig ist und den du nicht zu oft verärgern solltest. Ich stelle mich regelmäßig auf den Prüfstand. Nicht vor einem Arzt, vor mir selber, und dabei horche ich intensiv in mich hinein. Ich frage mich dann, wie ich meinen aktuellen Gesundheitszustand beschreiben würde. Habe ich so gelebt, dass mein Körper mit mir zufrieden ist? Was kann ich optimieren, und wie kann ich es optimieren? Die Fragen sind gar nicht so kompliziert und die Antworten, wenn du ehrlich zu dir selbst bist, sind es auch nicht.

Nimm dir ein paar Minuten Zeit und stelle dir dieselben Fragen, die auch mich bewegten:

Bewege ich mich genug?
Nehme ich mir genug Auszeiten?
Stimmt die Mischung aus Arbeit und Familienleben,
neudeutsch: Stimmt meine Work-Life-Balance?
Ernähre ich mich ausgewogen und meinem Leben angemessen?

Selbstverständlich wäre es toll, wenn ich alle vier Fragen mit einem eindeutigen „Ja" beantworten könnte. Aber ehrlich gesagt, das wäre gelogen. Man kann immer etwas verbessern, immer dazu lernen. Wenn also meine ehrliche Antwort „nein" oder „nicht genug" lautet, stelle ich mir die nächste Frage: Was kann ich tun, um das zu verbessern? Dafür gibt es keine pauschale Antwort, oder vielleicht doch. Versuche einfach, das, was du in Frage gestellt hast, zu optimieren, etwas besser zu machen als zuvor. Versuche nicht, den viel zu hohen Berg auf Teufel heraus zu erklimmen, sondern Hügel für Hügel, Schritt für Schritt. Beweg dich immer ein bisschen mehr, finde nach und nach deine Zeitfenster für Pausen, optimiere langfristig das Verhältnis von Job und Freizeit und arbeite nachhaltig daran, dass die Erkenntnis „du bist, was du isst" positiv auf dich zutrifft. Wie gesagt, das alles geht nicht von heute auf morgen. Aber Schritt für Schritt kannst du ein für dich bestmögliches Ergebnis erreichen und sagen, es läuft „ziemlich optimal". Diese vier Fragen sind jedenfalls wesentliche Stellschrauben, an denen ich und du drehen können, um das Thema Gesundheit, das uns unser ganzes Leben begleitet, bestmöglich in den Griff zu bekommen.

STEPS to SUCCESS

Sei dein eigener Arzt, mach deinen persönlichen Gesundheits-check. Nimm deine Diagnose ehrlich an.

Drehe regelmäßig deine Körper-Stellschrauben nach.

Mein Traumhaus

Egal, in welcher Lebenssituation ich gerade bin, ob ich auf dem Fußballplatz stehe, als Coach Phil Ritter auf der Bühne präsentiere oder mich in die Natur zurückziehe, immer habe ich mein Haus dabei. Meinen Körper. Der ist das Haus, in dem ich mein ganzes Leben wohne und das ich mit mir herumtragen muss und darf. Das ist bei dir nicht anders, denn dein Körper ist das Haus, in dem du dein ganzes Leben verbringst. Umzug ausgeschlossen. Wenn du dich aber um dein Haus kümmerst, dann kann es das sein, was sich jeder wünscht. Es kann dein Traumhaus sein. Ich bin nicht nur Bewohner. Ich bin auch der Bauherr. Vielleicht nicht im ersten Drittel meines Lebens. Da beschäftigen wir uns gar nicht damit. Warum? Weil wir keinen Bedarf haben. Wir sehen Gesundheit als etwas Selbstverständliches an und das ist auch normal, denn die meisten von uns waren noch nie ernsthaft krank. Uns fehlt nichts, es geht uns gut. Wir haben andere Dinge zu tun. Ich habe Fußball gespielt, meinen Traum vom Fußballprofi aufgebaut.

Ich brauchte kaum Schlaf, junge Menschen brauchen keinen Schlaf. Denken sie jedenfalls. Ich gehörte auch dazu, wenn auch nicht grundsätzlich. Ich wusste ja auch, wie das Fußballtraining an mir zehrt, wenn ich unausgeschlafen auf dem Platz erscheine. Dennoch war es mit Sicherheit nicht genug. Vielleicht, weil du als junger Mensch gar nicht sofort merkst, wenn es zu wenig war. Das zeigt sich ja erst nach einer Zeit. Dass wir sprichwörtlich über Nacht regenerieren, ist in der Jugend, so glaubst du, normal, ist sozusagen dein Recht. Auch wenn du dem Körper nicht die Stunden gibst, die er braucht. Du fühlst dich unendlich belastbar und das funktioniert, eine Weile jedenfalls. Außerdem übernehmen wir in dieser Zeit, aufgrund fehlender Reife völlig unreflektiert die Verhaltensweisen unserer nächsten Mitmenschen. Das sind in der Regel Familienangehörige und Freunde der Familie. Wenn du genau jetzt einmal deine wichtigsten zehn Mitmenschen in Bezug auf Lebensführung, Gesundheitszustand und Leistungsfähigkeit überprüfst, dann bekommst du schon einmal ein kleines Gefühl dafür, wohin die Reise mit dir in Zukunft hingeht. Oder wo sie in der Vergangenheit schon hingegangen ist. Folgt man nämlich der Theorie, dass jeder Mensch in ausgeprägtem Maße das Produkt seiner Umwelt und Mitmenschen ist, dann kannst du davon ausgehen, dass du dich mit großer Wahrscheinlichkeit einmal so entwickeln wirst oder bereits entwickelt hast, wie sie. Du isst wie sie. Du machst in der Regel dieselben Dinge wie sie. Du bewegst dich wie sie - oder auch nicht, und bekommst womöglich schon so einen kleinen Vorgeschmack darauf, was Dich in Zukunft so erwartet.

Der Bauherr wird erwachsen

Im zweiten Teil unseres Lebens schöpfen die meisten von uns nahezu alle Ressourcen, die wir in Bezug auf Gesundheit haben, vollkommen aus. Wie einem Akku, dem immer nur die Energie entzogen wird, opfern wir unseren Körper und Nerven, damit wir Geld verdienen, Karriere machen und einen guten sozialen Status erlangen. Wir empfinden unseren Körper als massives Haus, das keine Risse hat, wo der Keller trocken, das Dach dicht ist. Als Fußballer siehst du den Rasen, das Stadion als deine feste Burg an, in der dir nichts passieren kann. Die nur für dich gebaut wurde, damit du dort deine eigene Show, dein eigenes Spiel spielen kannst. Du fragst nicht danach, ob du einen Kontrollgang machen solltest, überprüfen, ob es erste Schäden gibt, die sich noch einfach ausbessern lassen? Dabei solltest du jetzt wissen, dass du ein Hausbesitzer bist, der auch sein eigener Handwerker sein muss. Doch daran denken wir nicht. Bei vielen ist es dann fatalerweise auch noch so, dass das Hamsterrad perfekt funktioniert. Du konsumierst und wenn du das Geld dafür nicht hast, überziehst du dein Bankkonto. Du kaufst Dinge, um Menschen zu beeindrucken, die du eigentlich gar nicht leiden kannst. Fakt ist: Lebenswünsche und Ziele haben ihren Preis. Das will uns unser Körper, das Haus in dem wir wohnen, auch hin und wieder mitteilen. Nicht als grelle Leuchtschrift an der Hausfassade, sondern subtiler. Unser Körper hat eine eigene Sprache, er meldet sich nicht mit Worten, die wir verstehen, er spricht nonverbal mit uns. Dafür müssen wir hinhören. Doch tun wir das? Wir schalten unsere Ohren auf Durchzug. Wir überhören die kleinen Signale, die uns sagen wollen: Mach mal eine Pause. Iss, was die Natur dir gibt. Benutze deinen Körper dazu, wofür er gebaut wurde: zur Bewegung. Vielleicht habe ich das als Schweizer Junge vom Dorf mit in die Wiege gelegt bekommen. Ich bin in der Natur aufgewachsen. Bis heute sind die Berge mein Rückzugsgebiet. Ich laufe und wandere, wann immer sich mir die Möglichkeit dafür bietet. Ich spüre meinen Körper, so wie damals auf dem Fußballfeld. Ich power mich aus, ohne allerdings die Grenzen zu überschreiten, die mein Körper mir vorgibt. Es gibt dafür keine Regeln, außer deine eigenen. Geh ins Zwiegespräch mit deinem Körper, schau, was er braucht und lass dich nicht davon beeinflussen, was die anderen machen, ob sie etwa Trendsportarten machen, die sich zwar spannend anhören, aber für dich einfach nichts sind. Dein Körper, deine Bewegung, suche danach, was dir Spaß macht und wofür du dich gerne auspowerst.

Ich bewege mich instinktiv. Das ist dem jahrelangen Training zu verdanken. Mein Körper weiß, was er braucht. Er schreit, wenn er es nicht bekommt. Natürlich schaffe ich es nicht immer, ihm genau dann das zu geben. Aber ich höre auf die Zeichen. Teile mir meine Zeit so ein, dass der Körper sein Zeitfenster bekommt. Bewegung hat für mich den gleichen Stellenwert wie Arbeiten, wie Schlafen, wie Essen, wie Freunde treffen. Wenn ich meinen Körper Zeit widme, widme ich sie meinem Haus, meinem Leben, mir. Machst du das Gegenteil, merkst du gar nicht, wie du sprichwörtlich degenerierst und verfällst. Nicht von einem Tag auf den anderen. Dieser Prozess ist schleichend. Die Resultate kleiner täglicher Inkonsequenzen sind nicht sofort sichtbar. Sie summieren sich im Laufe der Monate und Jahre, unerbittlich.

Mit der Ernährung ist das nicht anders. Wenn du ab und zu Fast Food isst, ab und zu Torte, Hamburger und Pizza, ist das völlig okay. Aber wenn du deinen Körper damit zu häufig traktierst, zu wenig Gemüse und Obst isst, dich nicht ausgewogen ernährst, wirst du die Quittung bekommen. Dein Körper braucht Vitamine und Mineralstoffe und mehr. Das ist kein Geheimnis. Du kannst es nachlesen, das Internet ist voll davon. Es gibt eine sogenannte „Ernährungspyramide" für eine vollwertige Ernährung, die eine gute Basis ist und unserem Körper gibt, was er braucht: wenig Fette und Süßigkeiten, wöchentlich Fleisch, Fisch und Eier, täglich Milchprodukte, mehrmals täglich Getreideprodukte, fünf Portionen Obst und Gemüse am Tag sowie mindestens eineinhalb Liter Flüssigkeit, vorzugsweise (Mineral-)Wasser am Tag. Wenn man es richtig anstellt, ist das auch kein fades Unterfangen. Sich ordentlich ernähren, heißt auch, den Geschmack und Genuss nicht außen vor zu lassen.

Traumhaus oder Ruine

Im dritten Teil unseres Lebens sehen wir unser Haus auch von außen. Ist unser Traumhaus eine Ruine geworden. Spielst du als Fußballer in einem maroden Stadion?

Du sitzt mit dem Trainer auf der Bank und hörst ihm endlich richtig zu. Er hält dir dein Verhalten der letzten Jahre vor. Du musst zugeben, er hat Recht. Er hat es immer gesehen, du hast seine Worte ignoriert. Wie hoch ist der Raubbau? Dieser Frage musst du dich stellen. Vielleicht kommst du ja mit einem blauen Auge davon, wenn du auf dich geachtet hast. Vielleicht aber auch nicht. Für manche ist es leider zu spät. Sei du nicht derjenige, auf den das zutrifft. Wenn das Torverhältnis zu deinen Ungunsten ausfällt, versuchst du möglicherweise krampfhaft, deinen Gesundheitszustand vergangener Tage wieder zu erlangen, wie du ihn einst als perfekt erlebt hast. Der Aufwand ist weit größer, als hättest du keinen Raubbau betrieben. Aber auch dann kannst du immer noch Stopp sagen und dein Leben umkrempeln. Du kannst immer einen anderen Spielzug machen, es liegt nur an dir. Trägheit, Faulheit, ein wortwörtlicher Schwabbelbauch, ein Dasein als Couchpotato - wenn dein Spielbericht so ausfällt, liegt es an dir, den nächsten anders, sprich besser zu schreiben. Werde zu deinem eigenen Trainer, werde zum Gutachter deines Hauses. Wenn du das gemacht hast, bist du wieder im Spiel. Setze die Erkenntnisse in die Tat um, es ist nie zu spät.

Wenn ich mein Haus, mein Stadion, meinen Körper von außen betrachte, kann ich sagen: gut gemacht, Philipp. Ein paar Dellen und Stellen, trotz Krankheit ist der Bau solide. Ich brauche keine Generalsanierung, weil ich schon seit langem permanent vorbeuge und kleinere Reparaturen vornehme. Sehe ich einen Riss, bessere ich ihn aus, damit er nicht größer wird. Das sagt mir keiner, ich muss es selber sehen. Es ist nicht die Aufgabe anderer Menschen, mich dazu zu motivieren, das ist mein Job, so wie es dein Job ist, dich um dein Haus, dein Stadion, deinen Körper zu kümmern. Jeder ist für seine Gesundheit selber verantwortlich und das ist ein regelmäßiger Sport. In halbjährig wiederkehrenden Aktionismus zu verfallen, taugt nichts. Mach die Wartung deines Hauses zu einer deiner täglichen Aufgaben.

Sich selber zu einem bewussteren Lifestyle, zu einer gesünderen Lebensweise oder einem gesünderen Business zu begeistern, ist ein tolles Gefühl. Du hast nicht nur die Pflicht, die Verantwortung für dein Leben zu übernehmen. Du hast auch das Recht. Nutze es. Kontinuität, Ausgewogenheit, Konsequenz - all das gibt dir viel zurück, wenn du sie für deine Ziele, deine Gesundheit nutzt. Vielleicht ist es nicht immer einfach, aber es bringt dich voran.

Ich habe gelernt, ein aktiver Mensch zu sein, eigene Entscheidungen zu treffen, für mich die Verantwortung zu übernehmen. Das macht mich zu dem, der ich bin. Du kannst das auch. Dein Haus ist das perfekte Haus für dich, es gibt kein besseres. Es kann dein Traumhaus sein, wenn du dich entscheidest, der beste Bewohner zu sein, der du sein kannst und es kann der gesündeste Wohnort der Welt sein, wenn du es willst und entsprechend in Stand hältst. Ich habe vor langer Zeit über „meiner Haustür" das Sprichwort von der Gesundheit als größtem Gut angebracht. Ich finde, es sollte auch über deiner Tür hängen.

Meine Überzeugung

Zeig mir jemanden,
der schnelle Entscheidungen trifft
und ich zeige dir einen Sieger

Nachdem ich mich gezwungenermaßen damit abgefunden hatte, dass meine Zukunft nicht auf dem grünen Rasen stattfinden würde, galt es, mich neu zu orientieren. Dabei half mir ein Teil meiner Persönlichkeit, nämlich dass ich schnelle Entscheidungen treffen kann. Vielleicht ist dies ein Überbleibsel meiner aktiven Zeit als Fußballer. Auf dem Platz passieren Dinge blitzschnell. Wer hier zu lange und zu viel überlegt, hat verloren. Das Abwägen zwischen jeder einzelnen Eventualität, das Prüfen jeder noch so entfernten Möglichkeit, führt nur in ausgesprochen wenigen Bereichen zum Ziel. Ich war und bin ein Freund eigener, schneller Entscheidungen. Meine Mutter fragte mich vor vielen Jahren, warum ich nicht auf sie hören würde, wenn sie mir eine Entscheidung ausreden wollte. Ich habe ihr geantwortet, dass ich niemals in die Situation kommen wollte, ihr den Vorwurf machen zu müssen, dass ich wegen ihr die Chance auf eine Karriere verpasst hätte. So war es auch an diesem einen Tag, der mein Leben für immer verändern sollte.

Es war mein Manager, der mir den Vorschlag machte, bei einem persönlichen Zusammentreffen Informationen zu einer Tätigkeit zu erhalten, die mir möglicherweise eine neue berufliche Perspektive eröffnen könnte. Es mag eigentümlich erscheinen, dass ein solcher Vorschlag gerade von meinem Manager kam, der eigentlich für meine gesamten fußballerischen Angelegenheiten verantwortlich war, nicht aber für meinen bevorstehenden Ausstieg aus dem Leistungssport. Doch er war mehr als nur ein Manager. Er war derjenige, der mein fußballerisches Talent bereits im Kindesalter entdeckt hatte und mich seitdem begleitet und gefördert hatte. Wir waren über all die Jahre Freunde geworden. Und diesem Freund, meinem Manager, war es wichtig, mir meine tief sitzenden Ängste vor dem Ende meiner Karriere zu nehmen und mir gute Möglichkeiten aufzuzeigen, die mir Sicherheit geben und eine neue Chance eröffnen sollten.

So ging ich mit ihm ohne weitere Information und mit nur geringen Erwartungen zu dem verabredeten Treffen in einem Restaurant. Mir war zu diesem Zeitpunkt nicht bewusst, dass ich innerlich auf der Suche war, um die Unzufriedenheit über meine Situation zu beenden. Was folgte, war ein Gespräch mit einem netten Herren mittleren Alters, sehr persönlich, aber weit entfernt von dem, was man als das „typische Vorstellungsgespräch" bezeichnen würde. Ich verstand nicht viel von der eigentlichen Tätigkeit, die da auf mich warten sollte, erst recht nicht von dem Marketingplan, den er mir vorlegte. Es handelte sich um ein Unternehmen, das mit dem Verkauf von Wellnessprodukten ehrgeizige Ziele verfolgte. Es fiel der Ausdruck Network-Marketing und ich hatte nicht die geringste Ahnung, was sich dahinter verbarg. Er zeigte mir eine Starterbox mit verschiedenen Produkten aus dem Sortiment. Mehr Informationen nahm ich nicht auf, vielleicht, weil ich noch nie außerhalb des Fußballbereiches geschäftliche Gespräche geführt hatte, vielleicht auch, weil es nicht nur um ein neues Beschäftigungsfeld, sondern um ein vollständig neues Leben ging. So etwas macht ja auch ein bisschen Angst und lähmt die Gedanken. Meine Entscheidung fiel dennoch sehr schnell. Mein Bauchgefühl sagte mir, dass ich es probieren sollte, obwohl mein Vertrag im Verein noch ein halbes Jahr lief. Und so stieg ich einfach und unbedarft ins Network-Marketing-Business ein, ohne zu wissen, was das bedeutet und was da eigentlich auf mich zukommt.

Bestimmt kannst auch du dich an Situationen in deinem Leben erinnern, in denen du deinem Bauchgefühl gefolgt bist. Wie waren deine Erfahrungen damit? Liege ich falsch, wenn ich vermute, dass sie rückblickend zu 90 Prozent richtig waren? Es ist ein seltsames Phänomen, aber unser Körper präsentiert uns die richtige Entscheidung, ohne darüber nachdenken zu müssen. Vertraue deinem Bauchgefühl, denn es ist dein zuverlässiger Freund!

Aber woher kommt das? Soweit ich mich noch an den Biologie-Unterricht in der Schule erinnern kann, liegt es am limbischen System, einem physiologisch alten Teil unseres Gehirns. Was uns früher schnell reagieren ließ, wenn Gefahren lauerten, erfüllt seinen Dienst auch heute noch zuverlässig. Starrst Du auf dein Mobiltelefon und ein Bus rast auf dich zu, so wird dieser Teil deines Gehirns die Gefahr aufnehmen, obwohl du sie noch gar nicht wahrgenommen und noch weniger verarbeitet hast.

Ich will nicht verhehlen, dass ich beim Einstieg ins Network-Marketing meine Zweifel hatte. Ich bin ein geradliniger Mensch, der das Herz auf der Zunge trägt. Und ehrlich gesagt, als ich bei der Geschäftspräsentation hörte, dass es um Wellnessprodukte gehe, dachte ich „oje". Das sei doch eher Frauensache, meine Mutter oder meine beiden Schwestern wären dafür viel besser geeignet. Aber da saß ich nun einmal und eben nicht die Frauen meiner Familie. Auf Zeitverschwendung hatte ich keine Lust. Und: Was konnte schon passieren? Meine Karrierepläne waren eh dahin. Schlimmer konnten es Wellnessprodukte auch nicht machen. Und etwas in mir hob leicht den Finger und flüsterte mir ins Ohr: Du stehst doch auf Herausforderungen. Du hast doch immer schon große Rosinen im Kopf gehabt und du willst doch nicht die nächsten 40 Jahre für andere arbeiten, das war doch noch nie dein Wunsch gewesen.

Man kann sich im Leben entscheiden, ob man produktiv sein oder auf der Seite der Konsumenten stehen will. Ich habe mich fürs Machen entschieden. Und damit fürs Network-Marketing. Wahrscheinlich bin ich einfach meiner Bestimmung gefolgt. Denn was ich heute weiß, damals aber noch nicht wissen, ja nicht einmal ahnen konnte: Das Leben hat mir für meine Entscheidung in dieses damals für mich noch völlig unbekannte Business einzusteigen, etwas zurückgegeben, was ich nicht mehr für möglich gehalten hätte. Im übertragenen Sinne stehe ich immer noch auf dem Platz. Ich bin „Fußballer" geblieben. Nur dass mein Spiel keine 90 Minuten hat. Es dauert an, es gibt noch keinen Schlusspfiff. Es ist das Spiel meines Lebens.

Und wie ist es bei dir? Stehst du auf dem Feld, bereit, dein Schicksal zu beeinflussen? Die entscheidenden Spielzüge einzuleiten, um zu gewinnen? Oder bist du Zuschauer, bestaunst und bejubelst du diejenigen, die auf dem Platz dem Triumph nachjagen? Wenn du dich entscheidest, dein Leben in die Bahnen zu lenken, die du wirklich willst, dann kannst du dies tun. Hier und jetzt! Setze dir ein Ziel, habe es immer vor Augen und verfolge es, jeden Tag. Du wirst es erreichen! Denn, und das solltest du nie vergessen, es ist das Spiel deines Lebens! Nur du kannst es spielen - und deine Welt für immer verändern.

Blackout

„Schiri, ist das hier das Finale?"

Blackout im WM-Finale 2014
Christoph Kramer
*(*1991, deutscher Bundesliga- und Nationalspieler)*

Kein Einstieg in ein Business verläuft reibungslos. Selbst, wenn zu Anfang alles nach deinen Vorstellungen funktioniert, so kannst du darauf warten, dass irgendwo der erste Fauxpas schon auf dich wartet. Plötzlich ist er da und bei mir war es auch nicht anders.

Stell dir vor, du lädst ein, um vorzustellen, was du kennengelernt hast. Alle kommen und dann geht dir plötzlich das Licht aus. Nicht, dass ich auf der Bühne körperlich zusammengebrochen wäre, aber mental, Gehirn leer, Kurzschluss, Blackout. Das ist mir bei einer meiner ersten Business-Präsentationen passiert. Ich hatte um die 30 Personen eingeladen, meine Mutter, gute Bekannte, kurzum, Menschen die ich kannte und die natürlich auch meinetwegen gekommen waren. Da muss selbstverständlich alles laufen. Ich hatte mich richtig gut vorbereitet, etliche Stunden damit verbracht, alles zu durchdenken. Bei jedem Wort meiner Rede hatte ich überlegt, vieles wieder verworfen, neu geschrieben, wieder verworfen. Irgendwann stand das Ganze. Ich hatte so lange geprobt, dass man mich hätte nachts wecken können und ich hätte von einer Sekunde auf die andere meine Präsentation im Pyjama halten können. Ich habe mich gut gefühlt, richtig gut. Klar war ich nervös, mega-nervös, um ehrlich zu sein. Aber das gehört zu einem Auftritt dazu, das kann jeder Bühnenschauspieler bestätigen. Heute habe ich so viel Routine, dass sich die Anspannung vor einem Auftritt in Grenzen hält, obwohl sie nie ganz verschwindet, und das gehört einfach dazu. Aber damals hatte ich ja kaum Praxis gehabt und wie gesagt, die Zuhörer kannten mich und ich kannte die Zuhörer. Es begann recht entspannt, der Moderator kündigte mich an und ich, Philipp Ritter, Protagonist des Abends, betrat die Bühne, Oscar-reif. Da stand ich also, alle Augen waren auf mich gerichtet. Am Anfang hätte man noch denken können, ich mache eine Kunstpause, steigere die Spannung durch Stille und lasse die Atmosphäre im Saal hörbar knistern. Aber nichts davon stimmte, nichts davon war so geplant. Meine grauen Zellen hatten sich einfach verabschiedet. Alles war weg, Produkte, Business: nichts. Eine Wüste im Gehirn. Ich hatte einen Blackout, sah nur noch die Menschen, die mich erwartungsvoll anschauten und gespannt warteten. Und warteten und warteten. Das Einzige, was mir durch den Kopf schoss, waren grauenvolle Gedanken: Du hast versagt. Es sind doch alle deinetwegen da und was gibst du ihnen? Nichts. Was soll meine Mutter über ihren Sohn denken? Bist du einfach nicht für so etwas gemacht? Vielleicht waren es nur ein paar Sekunden, vielleicht Minuten. Für mich fühlte es sich an wie eine Ewigkeit.

Irgendwann fand ich das erste Wort wieder. Bruchstückhaft fiel mir meine Präsentation ein, tauchten einzelne Elemente wie aus einem Nebel langsam wieder auf. Ich sprach nicht gut, nicht flüssig, nicht überzeugend. Ich manövrierte mich so gut es ging durch den Abend, doch bis zum Schluss war jedes Wort vom Gefühl begleitet, eine miese Performance abzuliefern. Es war einfach schlimm. Auch der Nachgeschmack war bitter: Ich hatte mein Ziel nicht erreicht, war durchgefallen. Ich hatte die schlechteste Schulnote bekommen - ab in die Ecke, schämen.

War dies das Ende vom Anfang? Ein Philipp Ritter, der beim Einstieg ins Network-Marketing kein Pfeiffersches Drüsenfieber braucht, um zu scheitern und der seine Karrierepläne sofort wieder begraben kann? Der es ohne ersichtlichen Grund, ohne Gegner, einfach so verhaut?

Ich habe später noch oft darüber nachgedacht, warum das passiert ist. Aufregung, Unsicherheit trotz Vorbereitung oder habe ich ganz einfach Lehrgeld bezahlt? Doch die Antwort ist eine andere: Ein Blackout passiert einfach, sonst gäbe es das Wort nicht. Es ist etwas allzu Menschliches. Vielleicht war es auch gut so, dies ziemlich am Anfang erlebt zu haben. An dieser Stelle ein Dank an mein limbisches System. Es hatte zweifelsohne seine Finger im Spiel.

Du lernst aus jeder Erfahrung und nicht nur das, aus dieser Katastrophe ist etwas Großartiges entstanden. Eigentlich hätte ich gedacht, dass alle fluchtartig den Raum verlassen, nachdem sie mir noch im Vorbeigehen ein paar kurze, nicht ernst gemeinte Höflichkeiten zugeraunt hätten und sie wären nie wieder auf der Bildfläche meiner Arbeit erschienen. Doch trotz oder vielleicht auch wegen dieses Desasters haben sich einige Zuhörer für eine geschäftliche Zusammenarbeit entschieden, die bis heute zu einer meiner stärksten Vertriebslinien gehört. Im Nachhinein denke ich, dass ich mich also gar nicht so blamiert habe, wie es mir vorkam. Ein bisschen natürlich, aber vielleicht machte gerade das Unperfekte meinen Auftritt auch ehrlich und menschlich. Funktioniert hat das aber auch nur, weil ich über etwas sprach, oder besser stammelte, was gut ist und von dem ich überzeugt war. Die eigenen Stolpersteine, die ich mir bei meiner Präsentation in den Weg gelegt hatte, hatten es zwar nicht schön gemacht, aber die Vision nicht ins Straucheln gebracht. Einige aus meinem Publikum hatten das erkannt und das war für mich ein doppelter Sieg, ein 1 : 0 gegen den Blackout.

STEPS to ACCESS

Aus katastrophalen Situationen kann auch etwas Gutes erwachsen, wenn du im Vorfeld dein Bestes gegeben hast.

Hab den Mut, dich zu blamieren.

Du kannst beim Richtigen nicht das Falsche sagen und beim Falschen nicht das Richtige.

Natürlich versuche ich auch heute noch, meine Präsentationen gut vorbereitet und möglichst reibungslos zu halten. Aber die Erfahrung, dass gerade die Fehlbarkeit, die menschlichen Schwächen, den Vortrag erst wirklich glaubhaft werden lassen, ist für mich unbezahlbar. Überzeugung schafft man nicht durch Perfektion, man schafft sie durch Ehrlichkeit, durch Menschlichkeit und dazu gehören auch Schwächen. Schließlich gibt es niemanden, der diese nicht auch kennt.

Network-Marketing kann dir nicht
garantieren, finanziell frei
und unabhängig zu werden!
Was dein jetziger Job aber kann,
ist dir zu garantieren, dass du es
definitiv nicht wirst.

Schritt für Schritt

Networking und dein Einstieg
ins Network-Marketing

In diesem Buch wird viel von Netzwerken gesprochen, von Network-Marketing und „sich vernetzen". Ich will versuchen zu erklären, was es eigentlich damit auf sich hat.

Bereits in der Antike trafen sich Menschen auf Märkten. Nicht nur, um zu handeln und notwendige Dinge für das Leben zu erwerben, sondern um Neuigkeiten auszutauschen und Nachrichten aus fernen Regionen zu erfahren. Informationen flossen in Hülle und Fülle, ohne dass sich jemand darüber Gedanken machte. Gleichzeitig knüpfte man neue nützliche Kontakte und lernte über diese wiederum weitere Bekanntschaften kennen. Denn schon damals war es von Vorteil, ein eigenes Netz von Verbindungen zu haben, die einem selbst in beruflichen und privaten Dingen von Nutzen sein konnten. Allerdings war es oftmals nicht einfach, andere Menschen aufzusuchen, denn man musste zuweilen beschwerliche Wege auf sich nehmen, um an den Ort zu gelangen, an dem diese sich aufhielten. Überträgt man dies in die heutige Zeit, so hat sich an diesem Prinzip nur sehr wenig geändert. Es ist nur alles schneller geworden, denn die digitale Welt ermöglicht es uns, Informationen ohne Zeitverlust zu erhalten und weiterzugeben. Außerdem können wir beinahe jeden Menschen zu jedem Zeitpunkt erreichen, an dem wir es für notwendig erachten. Das ermöglicht uns, die eigenen Netzwerke auf- und auszubauen, in diesen zu interagieren und sie geschäftlich (und natürlich auch privat) zu nutzen. Betrachte ich mich selbst, bin ich im Grunde genommen auch immer der Junge vom Dorf geblieben. Allerdings von einem Dorf, in dem die Menschen miteinander reden, sich austauschen und füreinander da sind, wie früher auf dem Markt.

Für das eigentliche Network-Marketing gibt es noch andere Bezeichnungen: Netzwerk-Marketing, Empfehlungs-Marketing oder Multi-Level-Marketing (MLM). Es handelt sich dabei um eine besondere Form des Direktvertriebs. Im Unterschied zum klassischen Direktmarketing besteht die Möglichkeit für meine Kunden, mittel- und langfristig als selbständige Vertriebspartner zu agieren, so wie ich Produkte zu empfehlen und weitere Kunden zu gewinnen. Für jeden Sale gibt es eine Provision, für das Gewinnen neuer Kunden Prämien. Wenn die neuen Distributoren Umsätze generieren, werden deren Werbende ebenfalls daran beteiligt. Eine Win-Win-Situation für jeden, wenn alle an einem Strang ziehen und zu hundert Prozent bei der Sache sind. Auf dem Dorf und auf dem Fußballplatz war es auch nicht anders. Fußballbilder tauschen fürs Sammelalbum, mit geschickter Taktik bekommst du die fehlenden Bilder und der nächste seine. Wenn du dabei den Spaß am Umgang mit anderen Menschen nicht vergisst, deine Businesszeit auch als Lebenszeit erachtest und genießt, hast du mehr davon, als nur ein volles Sammelalbum. Wenn du gut vernetzt bist, geht es umso schneller.

Natürlich garantiert ein großes Netzwerk nicht automatisch den erwünschten Erfolg. Schließlich sollte man nie vergessen, dass es sich immer um Menschen handelt, die trotz aller Technologie ihre eigenen Wünsche, Träume, Ansichten, und so weiter haben. Ich habe gelernt, dass ein bestimmtes Vorgehen erfolgreich ist, sowohl im privaten wie auch im beruflichen Bereich. Und dabei handelt es sich wohl um das einfachste und zugleich angenehmste Prinzip des Networkings: Sprich mit anderen Menschen, höre ihnen zu und versuche zu helfen. Klingt gut, oder?

Wenn man Gutes tut, dann sollte, ja dann muss man darüber sprechen. Und du bist nicht der Freund deines Freundes, wenn du das Gute, was du hast, nicht gibst. Deine Kontaktliste ist voll von Personen, die mit dir auf die eine oder andere Art verbunden sind. Sie suchen den Austausch mit dir, sonst wären sie kein Teil deines Netzwerkes. Also erzähle ihnen von den schönen Dingen, die du erlebt hast. Berichte ihnen von dem Anruf, den du einen Tag zuvor erhalten hast, von der begeisterten Kundin, deren Hautprobleme nach der Anwendung deines Produktes nach kurzer Zeit der Vergangenheit angehörten. Erzähl ihnen von der Mail, in der sich ein ehemaliger Kunde dafür bedankt hat, dass du ihn als Partner gewonnen und gefördert hast und wie sein Leben dadurch eine neue Richtung erhalten hat. Das ist die Grundlage von Network-Marketing. Das Teilen von positiven Erfahrungen und Erlebnissen sowie das brennende Verlangen, anderen Menschen gerne weiterhelfen zu wollen.

*Wenn man mit anderen spricht, ihnen zuhört,
miteinander lacht und, wenn nötig, versucht zu helfen,
dann folgt daraus Gutes.*

Du bist überzeugt von dem, was du tust und du bist überzeugt von deinen Produkten. Wenn du diese Begeisterung teilst, wenn du sie verbreitest, dann tust du Gutes. Und es ist deine Aufgabe im Network-Marketing, allen zu erzählen, was du tust. Davon lebst du, und das ist ein großer Teil der DNA unserer Opportunity. Wahrscheinlich liegt es dir bereits im Blut, ansonsten wirst du schnell lernen, wie du deine Überzeugung verbreitest und andere Personen begeisterst. Du wirst lernen, wie man Gelegenheitsfenster kreiert, um das Produkt und die Idee, von der du überzeugt bist, auch anderen zugängig zu machen.

„Tue Gutes und rede darüber" sollte deine Devise sein, wenn du den Weg in Richtung Erfolg einschlagen willst. Immer und überall, mit Spaß und Niveau.

Dabei sollte dir stets bewusst sein, dass dies eine Sache voraussetzt: Vertrauen und eine gute zwischenmenschliche Verbindung. Denn wie sagt man so schön: Wenn die Chemie zwischen den Menschen stimmt, dann kann man über alles miteinander reden und auch erreichen. Ohne Vertrauen und Sympathie geht es nicht. Und das trifft umso mehr zu, je größer das eigene Netzwerk ist. Denn gerade die Menge an Personen, mit denen du dich durch den Einsatz von viel Zeit und Energie vernetzt hast, birgt auch die Gefahr, dass du sie enttäuscht, wenn du dieses Prinzip nicht verfolgst.

STEPS to SUCCESS
Erfolg im Network-Marketing heißt:
Sprich mit anderen Menschen, höre ihnen zu und versuche
zu helfen. Vertrauen und ein gutes zwischenmenschliches
Verhältnis bilden die Basis von alledem.

Hast du nun erst einmal die Grundprinzipien des Network-Marketings verinnerlicht, stellt sich die Frage nach dem „Wie": Wie kann ich die ersten Schritte in das Business tun? Wie baue ich ein Netzwerk auf? Wie positioniere ich mich, um meine Botschaft zu verbreiten? Wie kann ich das alles lernen? Zur Beruhigung sei gesagt, dass du dich nicht wirklich auf ein neues Spielfeld begibst. Die meisten Leute betreiben intuitiv eine Art Network-Marketing und tun dies auch regelmäßig. Im Gegensatz zu mir und vielleicht auch zu dir lassen sie sich dafür aber nicht bezahlen. Eigentlich verbirgt sich hinter dem Begriff Network-Marketing nur eine erweiterte Form des Empfehlungsmarketings. Das Besondere daran ist, dass der Empfehlungsgeber die Autorisierung besitzt, das Produkt, das er empfiehlt, auch gleichzeitig zu verkaufen und eine Vergütung für seine Empfehlung zu erhalten. Um wirklich zu verstehen, was Network-Marketing ist, muss man einen Blick auf den klassischen Handel werfen. Hier finden wir zum einen den Hersteller, der möglichst viele von seinen Produkten vertreiben will. Dazu bedient er sich der Supermarktkette oder der kleineren Geschäfte, die besagte Produkte über Zwischenhändler kaufen. Damit das Business funktioniert, nimmt jede Zwischenstation einen Aufschlag, bevor der jeweilige Artikel dann letztendlich im Regal für den Endverbraucher, also auch für dich und mich, landet. Zur Unterstützung des Verkaufs werden teure Werbeagenturen mit der Vermarktung beauftragt. Diese wiederum nutzen Plakate, Zeitungsanzeigen, Online-Werbung und Radio- oder Fernsehspots, um die Verkaufszahlen zu erhöhen. Das alles kostet Geld und muss in den Verkaufspreis des Endproduktes eingerechnet werden. Diese Vorgehensweise hat sich über lange Zeit etabliert und ist das, was wir alle von Kindesbeinen an gelernt haben.

Im Network-Marketing geht es darum, Produkte vom Hersteller auf direktem Wege zum Endverbraucher zu bringen. Was sich unterscheidet, ist die Herangehensweise. Statt teure Werbung auf den Weg zu bringen, setzen die Hersteller vermehrt auf viele kleine Handelspartner. Menschen wie mich und vielleicht auch in Zukunft auf dich. Gibt es viele von uns und handelt es sich um Personen, die ihre Aufgabe und ihre Produkte wahrhaftig lieben, kann der jeweilige Hersteller sehr gute Umsätze machen und in diesem Zug natürlich auch die Partner, die im Network-Marketing tätig sind. Dies erklärt, warum es sinnvoll ist, dass jeder Marketer weitere Partner sponsert (das ist der Begriff, den wir verwenden, wenn es um die Gewinnung neuer Partner geht). Im klassischen Handel würde man dies als Erweiterung des Filialnetzes bezeichnen. So baut man sich sein eigenes Team auf, benutzt und vermarktet gemeinsam die eigenen Produkte und gewinnt weiterhin neue Partner. Einer der Vorteile im Network-Marketing ist, dass das Budget nicht zu großen Teilen in klassische Werbung fließt. Nein, es wird direkt an diejenigen durchgereicht, die mit ihrem Partnernetzwerk das Produkt vom Hersteller zum Verbraucher „bewegt" haben. Bedenkt man, dass heutzutage mit Network-Marketing bereits knapp 180 Milliarden umgesetzt werden, dann erkennt man, welche Potenziale in dieser Branche stecken. Wenn du dich dafür entscheidest, auch im Network-Marketing tätig zu werden (vielleicht bist du das ja auch schon), dann wirst du folgende Vorteile sehr schnell zu schätzen lernen:

- Du bist dein eigener Chef!
- Du teilst dir selbst deine Zeit ein!
- Du kannst von zu Hause aus arbeiten!
- Network-Marketing ist nicht limitiert,
  da es vollständig leistungsbezogen funktioniert!
- Du kannst es als Haupt- oder Nebenberuf ausüben!
- Du bist ungebunden, denn du benötigst keine Angestellten!
- Du stellst Menschen ein, ohne sie bezahlen zu müssen!
- Du hast keine Lagerkosten!
- Du musst dir keine Sorgen wegen einer
  Gebietsbeschränkung machen!
- Du hast die Möglichkeit, mit deinem Geschäft
  international zu expandieren!
- Du vereinst drei Berufe in dir: Verkäufer,
  Unternehmensberater und Personaler!
- Du bist zeitlich und geographisch frei in deiner Arbeitsweise!

Ein großer Network-Marketing-Fan hat einmal in einem Interview gesagt: „Sollte ich einmal mein gesamtes Vermögen auf einen Schlag verlieren, so würde ich sofort mit Network-Marketing beginnen." Dieser Mann heißt Bill Gates.

Solltest du Lust darauf bekommen haben, mit Network-Marketing deine berufliche Zukunft zu bestreiten, so könnten folgende Tipps für dich hilfreich sein: Wie in jedem anderen Berufszweig macht es Sinn, sich eingehend zu informieren. Das betrifft das Produkt, das du vertreiben willst, die jeweiligen Bedingungen des Unternehmens, für das du auf selbständiger Basis tätig sein wirst und den Mentor (Sponsor), mit dem Du persönlich zusammenarbeiten wirst. Jeder, der eine Unternehmung aufbauen will, sollte sich intensiv mit der Funktionsweise beschäftigen. In der Praxis bedeutet dies, dass man sich Tutorials ansehen und die Informationen für sich herausziehen sollte, die man als sinnvoll und wichtig erachtet. Hier lege ich dir gerne meine Tutorials ans Herz, die du bei YouTube unter meinem Brand „Phil Ritter: Mehr Erfolg" finden kannst. Du solltest dich zusätzlich, wann immer es nur möglich ist, auf Events informieren, mit wirklichen Profis sprechen und dich in die Materie einarbeiten. Je intensiver, desto besser.

STEPS to SUCCESS

Willst du im Network-Marketing beginnen, dann stelle die Frage: „Wie funktioniert dieses Geschäftsmodell und was muss ich machen, um das von mir selbst gesetzte Ziel zu erreichen?"

Um als Frischling im Network-Marketing erfolgreich zu sein, solltest du hoch motiviert sein und dein „Warum", also deine persönlichen Beweggründe dafür sehr gut kennen, denn daraus entsteht die Energie für deine Aktivitäten. Um das Naturell unseres Business und die Abläufe in unserer Branche kennenzulernen, benötigst du einen guten Mentor. Wahrscheinlich wird das die Person sein, die dich an Bord geholt hat oder, solltest Du in unserer Branchen noch nicht aktiv sein, noch an Bord holen wird. Schau dir an, ob sie oder er über genug Erfahrung verfügt und die Erfolge vorweisen kann, die du selbst anstrebst. Das Wichtigste für deine Karriere ist und bleibt deine Bereitschaft, wirklich alles von ihr oder ihm zu lernen. Das sage ich jedem, der eine Karriere im Network-Marketing starten will.

Es gibt viele, die sich in dieser Branche ausprobieren wollen. Da sind zum Beispiel diejenigen, die sich einen Zusatzverdienst sichern möchten. 500 Euro neben dem regulären Einkommen helfen vielen ein ganzes Stück weiter. Dann sind da die Personen, die zum Unternehmer werden wollen und die eigene Persönlichkeit in diese Richtung zu entwickeln versuchen. Am häufigsten sind aber die Leute, die den Traum von finanzieller Unabhängigkeit haben und genau hier lauert für einige auch die Ernüchterung. Die meisten, die sich in einem schicken Auto sehen und über die Boulevards der angesagtesten Metropolen cruisen wollen, jagen einer Illusion hinterher. Nicht der Illusion, dass ihr Ziel nicht erreichbar wäre. Die meisten von ihnen machen sich jedoch nicht die geringste Vorstellung, was man dafür leisten muss. Wenn du dich selbst im Spiegel betrachtest, dann frage dich, ob du bereit bist, den Preis für dein Ziel zu zahlen. Frage dich, ob du den notwendigen Einsatz bringen kannst, um finanziell frei zu sein. Willst du dir die Fähigkeiten aneignen, um das Leben führen zu können, das du dir für deine Zukunft vorstellst? Beantwortest du diese Fragen mit einem ehrlichen „Ja", dann hast du die besten Voraussetzungen für wirklichen, dauerhaften Erfolg.

Warum ich dieses Thema bereits zu einem so frühen Zeitpunkt aufgreife, hat einen einfachen Grund: Während meiner Zeit im Network-Marketing habe ich viele Personen gesehen, die falsche Erwartungen an die Branche gestellt haben. Sie dachten, dass sie schnell zu Geld kommen würden, auch wenn sie nicht bereit waren, wirklich viel dafür zu tun. Davor will ich dich bewahren!

Network-Marketing bedeutet kontinuierliche Arbeit,
leidenschaftlichen Einsatz, Disziplin und Geduld.
Im Laufe der Jahre sah ich viele, die etwas sein wollten.
Ich traf allerdings nur wenige, die etwas werden wollten.

Eine durchschnittliche Berufsausbildung dauert drei Jahre. Diese sind notwendig, denn niemand steigt in ein neues Tätigkeitsfeld ein und beherrscht von Beginn an alle notwendigen Teilbereiche. Dieses Verständnis ist tief in mir verankert. Ich habe es sehr früh eingepflanzt bekommen. Damals, als kleiner Junge auf dem Fußballplatz. Training war das Wichtigste. Unlust, Regen oder Bauchweh - nichts hielt mich davon ab, besser werden zu wollen. Es dauerte zuweilen einige Zeit, bis ich merkte, dass ich zu denen aufschließen konnte, die mit einem Riesensack Talent oder hervorragenden körperlichen Voraussetzungen gesegnet waren. Irgendwann waren wir gleichauf. Irgendwann überflügelte ich sie. Aber es hat immer seine Zeit in Anspruch genommen.

Nun sollst du nicht deine Sporttasche packen und mit dem nächsten Zug Richtung Tuggen fahren, um motiviert an der bevorstehenden Trainingseinheit teilzunehmen. Aber du sollst dir bewusst machen, dass du Respekt vor dem haben solltest, was dich erwartet, wenn du ins Network-Marketing Business einsteigen willst. Das Business ist einfach, aber nicht leicht, es verlangt Einsatz und Geduld, ebenso wie es eine Ausbildung, ein Studium, eine Selbständigkeit in anderen Bereichen oder eine Karriere als Sportler tun.

Viele der Einsteiger ins Network-Marketing, die mir begegnet sind, haben sehr schnell wieder aufgegeben. Warum, habe ich mich oft gefragt. Sie erschienen mir wie Sportler, die eine olympische Goldmedaille gewinnen wollten aber nicht bereit waren, den Preis dafür zu zahlen. Sie trainierten ein paar Mal und wunderten sich, dass sie ihre Ziele nicht erreichten. Dann gaben sie auf. Wie sieht die Wirklichkeit aus? Sportler, die es zumindest einmal zu Olympia schaffen wollen, trainieren ihr Leben lang hart, konsequent und mit vielen Entbehrungen.

Sieh dir dein Umfeld an. Wie viele Menschen findest du dort, die drei Jahre dafür gelernt haben oder ausgebildet wurden, um monatlich einen Verdienst von 1.500, vielleicht 2.000 Euro zu erreichen? Wahrscheinlich sind es nicht wenige. Was ist nun so befremdlich daran, wenn man sich vorstellt, dass der Einstieg in unsere Branche eine ebenso lange Lern- und Erfahrungsphase erfordert? Der einzige Unterschied hierbei ist lediglich, dass die Verdienstmöglichkeiten und die Zukunftsperspektiven anschließend wesentlich aussichtsreicher sind. Akzeptiere also diese drei Jahre, damit du (wie statistisch gesehen übrigens in jeder anderen Selbständigkeit) kaufmännisch gewinnbringend arbeiten kannst. Man sagt, dass Investitionen in die persönliche Ausbildung die besten Zinsen bringen. Mein Leben beweist mir immer wieder, dass das stimmt. Das merkte ich, wenn ich auf irgendeinem Fußballplatz in einem benachbarten Schweizer Ort den entscheidenden Pass zum Siegtor gegeben habe. Ich merkte es, wenn ich in ein Stadion einlief und tausende Fans frenetisch jubelten. Ich merke es noch immer, wenn ich die Städte dieser Welt bereise oder vor einem Auditorium von Partnern und Interessenten spreche und jeden dieser Momente unsagbar genießen kann.

Drei Jahre. Das ist deine Investition! Wenn du diese Zeit nutzt, für dich und deine persönliche Entwicklung, für konsequentes Network-Marketing, dann bist du sehr weit gekommen, wahrscheinlich sogar weiter, als mancher, der in seiner Ausbildungszeit oder seinem Studium nicht einen Euro verdient hat. Egal, ob du in der Branche haupt- oder nebenberuflich beginnen willst, nimm dir genau diese drei Jahre, um dich dem Geschäft zu verschreiben. Um zu sehen, ob es zu dir passt und um immer mehr zu lernen, deinen Rucksack mit Wissen zu füllen, die Branche kennenzulernen und Kunden, Partner und echte Leader für Dich und deine Vision zu gewinnen. Drei Jahre Grundausbildung, um beginnen zu können, wirklich erfolgreich zu werden.

Würdest du mich nach den ersten Tipps für deinen Start ins Network-Marketing fragen, würde ich mich mit dir hinsetzen und folgendes zu Papier bringen:

Setze dir einen Stichtag drei Jahre nach deinem Start.
Hier geht es wirklich darum, einen genauen Tag festzulegen,
einen definierten Zielpunkt.

Sei dir bewusst, dass dich Höhen und Tiefen erwarten. Sowohl beruflich als auch wirtschaftlich. Wie überall im Leben und in jeder Selbständigkeit wird nicht alles so verlaufen, wie du es dir erhoffst. Lass dich von Erfolgen motivieren, lerne aus Rückschlägen und schöpfe Kraft aus ihnen. Ziehe an dem von dir definierten Stichtag eine Bilanz. Wie hat sich dein Geschäft entwickelt? Wie bist du persönlich gereift? Was hast du in dieser Zeit alles gelernt? Bist du bereit für weitere Erfolge und den Weg der konstanten und niemals endenden Verbesserung weiterzugehen?

Es menschelt

Gerade haben wir darüber gesprochen, wie du deine Karriere im Network-Marketing so richtig in Schwung bringen kannst. In diesem Zusammenhang habe ich darauf hingewiesen, dass es wichtig ist, den richtigen Mentor an der Seite zu haben, der dir die Tricks und Kniffe dieser neuen Welt zeigen kann und, was noch viel wichtiger ist, dies auch gerne tut. Nimm dir kurz Zeit und denke an Vorgesetzte, die du in deiner bisherigen Laufbahn getroffen hast. Welche Erfahrungen hast du dabei gemacht? Gab es unter ihnen auch diejenigen, deren Lob es war, einfach nichts zu sagen? Von denen du nur etwas gehört hast, wenn du einen Fehler gemacht hattest? Oder befanden sich darunter die Chefs, die stets und ständig voraussetzten, dass du alles wissen und können musstest, was sie von dir verlangten? Oder sogar diejenigen, die dich bewusst auf einem niedrigen Wissensstand hielten, damit du niemals auf die Idee kommen würdest, an ihrem Stuhl zu sägen?

Kannst du eine oder mehrere dieser Fragen mit „ja" beantworten, dann überlege dir, wie es wäre, wenn dein Chef dich stattdessen am Wochenende zu einem Ausflug eingeladen hätte oder wenn er mit dir und dem Team Grillabende veranstaltet hätte. Wie wäre es mit einem Wanderausflug zusammen mit der Familie oder einer Einladung zu einem gemeinsamen Team-Urlaub? Das hört sich utopisch an? Reine Phantasie? Ich weiß, trotzdem ist es Realität im Network-Marketing und trägt dabei noch zum Erfolg bei.

Vergessen wir für einen Moment die Ausdrücke „Chef", „Boss" oder „Vorgesetzter". Was du bei deinem Einstieg benötigst, ist ein guter „Sponsor", der dich für die Branche begeistert. Zumeist besteht hier von Beginn an eine „passende Chemie", denn sonst hättest du wohl nicht das Vertrauen, zukünftig näher mit dieser Person zu arbeiten. Ein kleiner Tipp an dieser Stelle: Auch wenn die menschliche Sympathie die Grundlage für eine Zusammenarbeit ist, achte zusätzlich darauf, dass er zumindest über erste Erfolge oder Ergebnisse in dieser Branche verfügt, die auch du erreichen willst. Weist er die Erfolge auf, die auch du anstrebst? Begeistert er sich für die Produkte, die die Basis für eure Zusammenarbeit bilden werden? Will er dich wirklich fördern, dich besser machen, besser vielleicht als sich selbst? Sprich mit ihm, bringe diese Dinge in Erfahrung. Du stehst am Beginn einer Partnerschaft und diese, ähnlich wie bei einer Ehe, muss auf einem festen Fundament aufgebaut werden. Immerhin werdet ihr viel Zeit miteinander verbringen. Als ich mein erstes Gespräch mit meinem späteren Sponsor hatte, wusste ich nichts von alledem, gar nichts. Dein Wissensstand ist zu diesem Zeitpunkt bereits viel weiter als der, den ich hatte. Was mich damals jedoch verblüffte, war der zutiefst menschliche Umgang miteinander und das von Anfang an. Ich kannte bis dahin nur verschiedene Trainertypen, laute, leise, cholerische, in sich gekehrte oder auch devote Charaktere, die ihr Wissen an uns Spieler weitergaben. Aber dass sich neben dem beruflichen Miteinander enge Beziehungen aufbauten, die auch nach Feierabend Bestand hatten, war mir gänzlich neu.

Irgendwann begegnete mir der Satz: „Erst stimmt die Chemie zwischen den Menschen, und dann stimmen auch die geschäftlichen Zahlen." Hört sich schön an, nicht wahr? Meine berufliche Laufbahn zeigte mir, dass dieser Satz Gold wert ist. Und so versuchte ich es, wollte selbst eine dieser Führungskräfte werden. Ich wollte ein Mentor sein, ein Coach, ein Ausbilder, ein Freund und Wegbegleiter. So lebe ich beruflich, so lebe ich privat und deshalb ist es bis zum heutigen Tag so, dass mich die Erfolge meiner Partner noch immer so unsagbar freuen, fast noch mehr als meine eigenen. Es ist deren Triumph - und damit auch meiner.

Was also solltest du von einem guten Sponsor erwarten? Zunächst einmal muss er den unbedingten Willen haben, dich zu fördern und deine Karriere zu unterstützen. Er muss ein Interesse daran haben, dass du besser wirst als er selbst. Er sollte immer für dich erreichbar sein, an 24 Stunden an sieben Tagen in der Woche. Er muss dir stets und ständig mit Rat und Tat zur Seite stehen. Ja, das hört sich alles nach schönem Gerede an, aber ich verspreche dir eins: Wenn du einen erfolgreichen Menschen im Network-Marketing triffst, so hat er es wahrscheinlich genau dadurch geschafft, dass er diese Attribute aufweist.

Wenn du den Sponsor deines Vertrauens gefunden hast, voll und ganz hinter deinem Produkt stehst und nun endlich richtig loslegen willst, gibt es einen weiteren Punkt zu beachten, den du keinesfalls ignorieren darfst. Das uralte Prinzip: Wissensschuld ist Holschuld! Zwar wird sich dein Sponsor um dich bemühen, aber es ist an dir, fehlende Informationen zu erfragen, dich eigenständig weiterzubilden und Erfahrungen gemeinsam zu analysieren. Und hier ist es natürlich von unschätzbarem Vorteil, über ein tiefes, vertrauensvolles Verhältnis zu deinem Sponsor zu verfügen. Als Sponsor lebe ich genau diese Prinzipien. Nicht, dass ich sie als reines Erfolgsrezept gesehen habe, nein, es war vielmehr meine Überzeugung und entsprach meiner Persönlichkeit, mit meinen Partnern ein solches Verhältnis aufzubauen. Was mir dabei immens half, war der tägliche Kontakt mit ihnen. Dieser verlief immer auf einer vertrauensvollen, persönlichen Basis. Vielleicht sind hier die Attribute partnerschaftlich und freundschaftlich noch viel zutreffender. Dabei ist es für einen Neueinsteiger in das Business ein guter Hinweis, dass er derjenige sein sollte, der diesen täglichen Kontakt aufbauen sollte. Vergiss nicht, es ist noch immer eine Holschuld.

Gemeinsam prägten wir ein sehr gutes Geschäftsklima untereinander, eine menschliche Arbeitsatmosphäre, einen Teamspirit, wie ich ihn bis dato nicht kannte. Wir besprachen Ergebnisse, entwickelten Erfolgsstrategien, analysierten Niederlagen und teilten Freude miteinander. Wir erkannten unsere Leistungen gegenseitig an und feierten diese. Und dabei stellten wir fest, dass es unter uns sehr „menschelte".

Für mich steht fest, dass eine Zusammenarbeit, wie ich sie gerade beschrieben habe, einer der größten Beschleuniger für geschäftlichen Erfolg ist. Ich will und könnte nicht anders arbeiten. Mir würden die Freude und der Spaß verlorengehen. Wer noch immer nicht davon überzeugt ist, dass ein harmonierendes Team die beste Basis für Erfolg ist, der sollte sich die zahllosen Testreihen ansehen, die zu diesem Thema durchgeführt wurden. Gerade bei komplexen Sachverhalten wurde immer wieder nachgewiesen, dass Teams immer näher an der perfekten Lösung einer komplizierten Aufgabe lagen als Einzelpersonen. Und dabei schnitten die Gruppen am besten ab, die über eine hervorragende, innere Chemie verfügten. Teams, bei denen es menschelte.

Der Hürdenlauf zum Erfolg

„Erfolg ist kein Zufall.
Es ist harte Arbeit, Ausdauer,
Lernen, Studieren, Aufopferung,
jedoch vor allem,
Liebe zu dem, was du tust
oder dabei bist zu lernen."

Pele
(* 1940 pensionierter brasilianischer Fußballspieler)

Der Hürdenlauf zum Erfolg

So sehr alles, was wir tun, auch immer mit unserem Umfeld, mit den Menschen um uns herum, in Zusammenhang steht, so gibt es doch die Momente, in denen man alleine ist und sich beweisen muss. Man findet diese Augenblicke nicht nur im Privatleben, nein, es gibt sie genauso im Business. Und gerade hier verläuft es manchmal ähnlich wie beim Fußball. Mein Einstieg ins Network-Marketing glich der ersten Ballberührung. Man hat eine Ahnung, aber der erste Schuss, wenn man den Ball denn überhaupt trifft, geht daneben. Ich wusste nichts, hatte das Business nicht verstanden. Aber ich habe es versucht, habe einfach begonnen und von Beginn an mein Bestes gegeben. Nach drei Monaten hatte ich eine Managerposition, verdiente mit meinen gerade einmal knapp 19 Jahren meine ersten 2.000 Franken im Monat. Ich habe gemerkt, dass es funktioniert. Es funktioniert immer dann, wenn man das Business mit Leidenschaft betreibt. Diese Leidenschaft wiederum entsteht durch Interesse und Wissen. Ich habe jede Schulung, die möglich war, besucht, jedes Meeting, was angeboten wurde, wahrgenommen. Ich war extrem neugierig, habe bei jeder Frage in der Zentrale der Company angerufen. Ich habe alles aufgesaugt, was es über das Network-Marketing-Business, das Unternehmen und die Produkte zu wissen gab. Nach und nach wurde mir immer mehr Vertrauen entgegengebracht. Man merkte, dass ich wusste, wovon ich sprach. Niemand musste mich überzeugen. Wenn Produkt und Business dich faszinieren, geschieht das von selber. Ich war überzeugt und ich wollte alle anderen wissen lassen, um was für phantastische Möglichkeiten es sich handelte.

Damals wurde ich vielfach belächelt. Heute weiß ich, dass ich einen vollkommen normalen Prozess durchlaufen habe, den wohl jeder Networker kennt. Es geht hierbei um verschiedene Stufen, die ich auch gerne als die drei Phasen zum Erfolg in der Branche bezeichne. Dabei ist es mir wichtig, dass jeder, der im Network-Marketing beginnen will, sich dieser Stufen bewusst ist. Niemand soll unvorbereitet in seine Zukunft starten.

Phase 1: Die erste Prüfung beim Einstieg ins Network-Marketing wirst auch du nicht umgehen können, so sehr du dir das vielleicht wünschst. Ich nenne dieses Level „Auslachphase". Und dieses Stadium hält absolut, was es verspricht. Leider! Plötzlich mutieren deine Bekannten, Freunde und Verwandten zu einer gnadenlosen Jury, die deine Pläne und Vorhaben skeptisch betrachten, beurteilen und belächeln.

Oft folgen die gut gemeinten Ratschläge. „Schuster, bleib bei deinen Leisten", „Das hat vor 20 Jahren funktioniert. Inzwischen ist der Markt dicht", usw. Die Liste könnte unendlich fortgeführt werden, denn Skepsis ruft auch immer althergebrachte Weisheiten hervor. Deine neue Tätigkeit führt bei anderen zu einer Mischung aus Mitleid und Unverständnis. Warum? Weil sie es gut mit dir meinen. Ehrlich wahr, sie wollen dich beschützen. Da allerdings stellt sich die Frage: „Wovor eigentlich?" Wollen sie dich vor einer Enttäuschung oder dem Scheitern beschützen? Oder vielleicht davor, dass du es besser machst als alle anderen? Es ist interessant, dass ich niemals belächelt wurde, als ich sagte: „Ich will Profi-Fußballer werden." Zwar gab es auch hier gut gemeinte Ratschläge, aber niemand sagte damals: „Wenn es so einfach wäre, würde es doch jeder machen." Die Chance allerdings, mit dem Fußball seinen Lebensunterhalt bestreiten zu können, ist um ein Tausendfaches geringer als durch das Network-Marketing.

Erfolgreiche Menschen schwimmen nicht mit dem Strom.
Sie machen Dinge anders, glauben an sich.
Und so solltest du die Ratschläge der anderen anhören
und lächeln. Denn du weißt es besser.
Du bist auf dem Weg, dein Geschäftsleben in die
eigenen Hände zu nehmen. Du bewegst dich in Richtung
Unabhängigkeit und finanzielle Freiheit.

STEPS to SUCCESS
Motivation ist, die Ablehnung und das Unverständnis deines Umfeldes dafür zu nutzen, ihnen das Gegenteil zu beweisen. Jedes Nein macht dich stärker!

In dieser ersten Phase, der wichtigsten von allen, triffst du die Entscheidung darüber, ob du die große Ernte einfahren oder auf dein Umfeld hören wirst. Die Angst, ausgelacht zu werden, bewahrheitet sich nur dann, wenn du aufgibst und ihnen so zeigst, dass sie Recht hatten. Beweise ihnen das Gegenteil!

Werde ich nach Ratschlägen gefragt, wie man diese Stufe am besten meistern kann, dann antworte ich: „Genieß es! Jedes ‚Nein' bringt dich dem nächsten ‚Ja' ein Stück näher." Es ist mein fester Glaube, dass persönliche Erfolgsgeschichten umso eher entstehen, je mehr die graue Masse das jeweilige Vorgehen ablehnt. Deshalb solltest du dich bei jedem bedanken, der über dich lacht. Es gibt keine bessere Motivation für dich. Vertraue mir, am Ende lachst nur du!

Phase 2: Hast du erst einmal die Ablehnung der anderen überstanden, folgt schon die nächste Stufe. Diese ist erreicht, sobald sich die Dinge für dich zum Positiven entwickelt haben. Das kann sich durch verschiedenste Dinge zeigen: Dadurch, dass du ein besseres Auto fährst, neue Freunde hast und geschäftlichen Umgang pflegst, mehr Zeit für deine Familie und deine Kinder hast, dich an deinen Wochenenden nicht mit Nebenjobs herumschlagen musst, sich deine Persönlichkeit positiv verändert hat oder dein Arbeitsalltag komplett selbstbestimmt verläuft. So gut sich das alles anhören mag, wird dein Umfeld darauf mit hoher Wahrscheinlichkeit missmutig reagieren. Denn jetzt beginnt die „Neidphase". Oh nein, denkst du dir vielleicht, nicht noch so etwas Schwieriges. Keine Angst, so schlimm wird es nicht. Menschen bewundern andere Menschen, die erfolgreich sind. So kann man es bei Persönlichkeiten aus dem Showgeschäft beobachten, in der Politik und beim Sport. Was denen allerdings nicht geneidet wird, denn sie haben sich das ja hart erarbeitet. Das schlägt gerade im Bekanntenkreis und bei einem selbst anfänglich in eine ganz andere Richtung. Klopfte man mir nach den sportlichen Erfolgen aus vollem Herzen auf die Schulter und sprach mir seine Anerkennung aus, so traf mich bei meinem Erfolg im Network-Marketing etwas anderes: Neid! Hoffen wir, dass du auch diese Erfahrung machst. Keine Angst, ich will dich nicht erschrecken. Aber dieser Neid ist der Beweis, dass es bei dir trotz aller Einwände wirklich zu offensichtlichen Verbesserungen geführt hat und das ist für viele andere schwer zu ertragen, haben sie dir doch das Gegenteil prophezeit. Das sollte dich motivieren, mehr noch, es ist ein Kompliment, dass du es entgegen der Meinung aller Bedenkenträger schaffen wirst. Die Natur des Menschen ist zuweilen kompliziert, unberechenbar und unlogisch. Das ist der Grund, warum du in dieser Phase Sätze zu hören bekommen wirst wie: „Du hast auch keine Zeit mehr für deine alten Freunde.", „Du bist wohl jetzt etwas Besseres.", „Das war sowieso nur Glück." oder „Na, ob das wirklich alles mit rechten Dingen zugeht?"

STEPS to SUCCESS

Der Neid der anderen zeigt dir, dass sie merken,
wie du die Erfolgsleiter erklimmst. Sie würden gerne das erreichen,
was du inzwischen geschafft hast

Du merkst, dass es anderen zu schaffen macht, dass du unbeirrt die Erfolgsleiter hinauf kletterst - und das mit so einer „absurden Idee" wie Network-Marketing. Und so mancher sagt sich insgeheim: „Hätte ich das mal gemacht." Denke immer daran: Mitleid bekommst du geschenkt, Neid musst du dir hart erarbeiten.

Phase 3: Herzlich willkommen in der „Anerkennungs-Phase" - oder „Puh, du hast es geschafft." Natürlich ist es nicht möglich, im Vorbeigehen Level 1 und 2 zu passieren und sich dann mit aller Energie in die angenehmste aller Phasen zu stürzen. Das erfordert Arbeit und Durchhaltevermögen. Hast du es aber geschafft, dann kannst du dir gratulieren und beginnen, deinen selbst erarbeiteten Erfolg zu genießen. Plötzlich wandelt sich der Neid der anderen mit einem Mal in Lob und Anerkennung. Zu Recht, denn du gehörst zu den wenigen Menschen, die den Mut aufgebracht haben, die eigenen Träume unbeirrt zu verfolgen und sich auch durch das Gerede der anderen nicht haben davon abbringen lassen. Dein Erfolg gibt dir Recht.

STEPS to SUCCESS
Genieße, was du dir verdient hast. Dein Leben,
deine Freiheit und die Anerkennung.

Meist sind es die gleichen Menschen, die dich von deinem Weg abhalten wollten, die dir jetzt anerkennend sagen: „Es war klar, dass es funktioniert. Du bist nun einmal der geborene Unternehmer.", „Ich habe schon immer gewusst, dass du es schaffst!" oder „Wenn überhaupt einer, dann du!" Späte Einsicht, meine Lieben, aber ich habe es wirklich geschafft. Doch wie ist es mir selber gelungen, in dieser Branche erfolgreich zu werden? Zuerst einmal wollte ich wissen, womit ich hoffentlich bald mein Geld verdienen werde. Und da ist es eine sehr geringe Investition, so etwas wie eine bezahlte Fortbildung, wenn man sich zuerst eingehend mit den entsprechenden Produkten beschäftigt. Es ist ähnlich wie beim Fußballtraining - gewisse Erfahrungen und Fertigkeiten kann man sich nicht theoretisch aneignen, sie müssen am eigenen Körper und mit den eigenen Empfindungen erlebt werden. Oder, wie in meinem Fall, erst einmal durch eine gut gemeinte Testreihe innerhalb der Familie. Also erwarb ich eine Starterbox mit Produkten. Heute weiß ich, dass dies wohl der Beginn meines besten Spielzuges war. Ich hatte nicht mehr als dieses Päckchen Hoffnung, um meine angestrebte Karriere aus den Startlöchern zu bringen. Was, so überlegte ich, ist das Geheimnis? Die Antwort lag bereits vor mir.

Ich habe die Produkte geöffnet, daran gerochen und alles „gemustert" und mich gefragt, soll ich oder soll ich nicht? Auch wenn ich wusste, dass man ausprobieren muss, was man nicht kennt, habe ich erst gezögert. Wie gesagt: Wellnessprodukte. Für mich als Mann? Ich hatte noch immer das Bild im Kopf, dass Wellnessprodukte wohl doch eher die Basis für ein Frauengeschäft seien. Nicht unbedingt etwas für einen ehemaligen Profifußballer. Aber in meine Bedenken mischte sich auch Neugier und Interesse. Ich sagte mir, dass ich nichts be- oder verurteilen könne, was ich nicht einmal getestet hatte. Zuerst habe ich meine Eltern gebeten, die Produkte zu prüfen. Nach ein paar Tagen hakte ich nach. Wie hat es euch gefallen? Und bitte, seid ehrlich. Sie waren begeistert. Vor allem die Euphorie meiner Mutter, der Kosmetikerin, beseitigte meine letzten Zweifel an der Qualität. Parallel dazu habe ich dann die Produkte ebenfalls ausprobiert. Seitdem kann ich sie mir aus meinem Leben nicht mehr wegdenken.

Die ersten Tage konnte ich nicht schlafen, weil ich voller Ideen und Tatendrang war. Ich wollte den Menschen die Begeisterung vermitteln, die ich selbst für die Produkte empfand. Es war mir zu diesem Zeitpunkt nicht bewusst, dass ich die grundlegenden Prinzipien des Network-Marketings noch gar nicht verstanden hatte. In mir brach eine Wissensgier aus. Ich war fokussiert und bereit, alles an Wissen aufzusaugen, was nur möglich war. Meine Neugier wuchs bis ins Unermessliche und ich suchte mir Trainings und Seminare, um mich weiterzubilden. Um große Dinge auf den Weg zu bringen, schien es mir unerlässlich, das Handwerk zu beherrschen. Lernen und Ausprobieren waren dafür zwei meiner drei Grundpfeiler. Die dritte Säule, auf der ich meine Karriere aufbaute, war das „Machen". Wer viel lernt, muss auch umsetzen, denn Information ohne Aktion hat keinen Wert! Und wie ich umgesetzt habe! Es drängte mich unaufhörlich, meine neuen Erkenntnisse und mein neues Wissen einzusetzen, Menschen damit zu überzeugen und ihnen weiterzuhelfen. Und damit auch meinen Erfolg anzukurbeln.

STEPS to SUCCESS

Kenne das Produkt, das dich auf deinem Weg zum Erfolg begleitet. Nutze es selbst, lerne alles darüber, lass es zu einem Teil von dir werden. Feiere es! Liebe es! Das hört sich übertrieben an? Nicht wirklich, wenn du dir erst einmal klar machst, dass es deine Leiter zum Erfolg sein wird, dein unterstützendes Werkzeug, dein Ticket für die Reise in eine glückliche Zukunft. Deine Überzeugung überträgt sich auf die Kunden. Wenn du von deinem Produkt überzeugt bist, dann überzeugst du auch alle anderen!

Ich entschloss mich, die Produkte erst einmal kostenfrei zu verteilen, um mich bemerkbar zu machen. Die Leute sollten selbst entscheiden, ob sie von der Qualität überzeugt waren. Ich legte Namenslisten an, denn ich war mir sicher, dass Nachbestellungen folgen würden. Mein Plan war großartig, davon war ich überzeugt. Ganz im Gegensatz zu meinem Vater, der der Branche und meinem Konzept skeptisch gegenüberstand. Es waren die typischen Vorurteile. Zu viele Jahre hatte er mich unterstützt, meine Fußballkarriere voranzutreiben. Er dachte, dass trotz meines angeschlagenen Gesundheitszustandes noch längst nicht alles gelaufen war.

Ich verstand seine Enttäuschung, aber trotzdem ließ ich mich nicht von meinem Weg abbringen.

Vielleicht war es einfach Glück, dass ich mich so schnell mit den Produkten, die mein „neues" Leben bestimmen sollten, vorbehaltlos identifizieren konnte. Ich stand hinter ihnen, war begeistert, konnte sie aus vollem Herzen empfehlen. Aber es hätte auch anders laufen können, was mir heute sehr bewusst ist. Deshalb ein Ratschlag für dich, falls du einen Einstieg in die Branche erwägst: Prüfe genau, ob die Produkte, die dich zukünftig begleiten sollen, wirklich die hohe Qualität aufweisen, die du deinen Kunden später mit ruhigem Gewissen zusagen willst. Achte darauf, ob sie Alleinstellungsmerkmale besitzen, die du in die Waagschale werfen kannst, wenn es um den Vergleich mit ähnlichen Produkten geht. Und wie hoch schätzt du die Chance ein, dass dieses Produkt unter deinen Kunden weiterempfohlen wird? All diese Überlegungen solltest du im Vorfeld anstellen, um dir den steilen Weg zum Erfolg frühzeitig zu ebnen.

Ich gewöhnte mir bei meiner Kundengewinnung sehr schnell an, regelmäßige Follow Ups zu betreiben. Dies tue ich noch heute, denn sie sind ein unverzichtbarer Bestandteil meiner Arbeit. Hier half mir die Liste mit den Namen derjenigen, die Proben von mir erhalten hatten. Nur die wenigsten von ihnen, vielleicht auch keiner, hätte sich von alleine bei mir gemeldet, um mir über die selbst gemachten Erfahrungen zu berichten. So hatte ich jeden bereits im Vorfeld informiert, dass ich mich melden und über die persönlichen Erfahrungen mit den Wellnessprodukten sprechen werde. Das schaffte Verbindlichkeit. Ja, es ist eine reine Fleißarbeit, aber wenn man Aufwand und Nutzen ins Verhältnis setzt, dann ist es Freude und Chance zugleich, mit den Kunden zu sprechen. Es folgten die ersten Aufträge, die auch Nachbestellungen nach sich zogen. Mein Prinzip funktionierte im Kleinen - und wenn etwas im Kleinen funktioniert, dann geht es auch im Großen.

Die ersten Schritte in dem neuen Business waren getan. Ich hatte einen überschaubaren Kundenstamm aufgebaut und war ständig damit beschäftigt, diesen zu erweitern. Hier kam mir ein Effekt zugute, der ein wesentlicher und sehr angenehmer Aspekt dieses Business ist: Zufriedene Kunden empfehlen dein Produkt an andere weiter, was wiederum deinen Kundenkreis erhöht. Je mehr zufriedene Kunden, umso höher die Weiterempfehlungsrate. Manchmal ist Business echt einfach!

STEPS to SUCCESS
Follow Ups sind einer der wichtigsten Bestandteile des Geschäftslebens. Gerade im Network-Marketing sind sie unerlässlich. Du solltest dich nie davor scheuen, begonnene Beziehungen zu Kunden aufrecht zu erhalten und zu vertiefen. Immerhin sind es deine Kunden, aus denen irgendwann einmal Geschäftspartner werden können. Deshalb tätige einen Anruf, schreibe eine Karte oder sende eine Nachricht. Das bindet Kunden an dich, schafft Vertrauen und füllt irgendwann deine Kasse, denn Umsatz ist ein „Abfallprodukt" aus guten zwischenmenschlichen Beziehungen.

Mir fällt an dieser Stelle noch eine kleine Randnotiz ein: Mein Manager entschied sich damals gegen das Starterpaket. Ich weiß nicht, ob er es jemals bereut hat, nicht auch aus dem Bauch heraus ebenfalls zugesagt zu haben, damals, in dem kleinen Restaurant, bei unserem ersten Treffen. Ich weiß auch nicht, inwiefern das sein Leben geändert hätte und werde das auch nie erfahren. Immerhin stieg er ein paar Wochen später bei mir ein.

Aus Fehlern wird man klug

„Du hörst erst mit Lernen auf, wenn du aufgibst."

Ruud Gullit
(1962, niederländischer Fußball-Manager*
und ehemaliger Weltklasse-Spieler)

Wie heißt es so schön? Aus Fehlern wird man klug. Ich will klüger werden, bin ein großer Freund davon, etwas Neues zu lernen. Sei es in Workshops, Seminaren, Fortbildungen. Doch am meisten lernte ich aus eigenen Erfahrungen. Wenn etwas funktionierte, machte ich es beim nächsten Mal genauso. Wenn etwas nicht so lief, wie ich es mir vorgestellt hatte, zog ich die Lehren daraus und änderte mein Vorgehen. Als ich zu Beginn meiner Tätigkeit die Materialien von meinem Partnerunternehmen zur Verfügung gestellt bekam, die mich beim Promoten der Wellnessprodukte unterstützen sollten, ging mir sofort ein Gedanke durch den Kopf: „Das ist nicht zeitgemäß. Diese Broschüren kommen sicherlich nicht so gut an. Das kannst du besser." So beschloss ich, gemeinsam mit einem Partner, dessen Bruder eine Druckerei besaß, neue Broschüren zu entwerfen. Sie sollten moderner sein, Bestellformulare beinhalten und unsere Verkäufe ankurbeln. Die Gestaltung nahm einige Zeit in Anspruch, aber wir waren überzeugt, dass es sich lohnen würde. Wenn sie erst einmal fertig gestellt wären, dann bräuchten wir sie nur noch zu verteilen. Der Rest würde dann sicher schon von ganz alleine laufen.

Neben dem zeitlichen Aufwand fielen natürlich die Kosten für die Erstellung der Broschüren an. Sie waren recht hoch, denn unser Layout war aufwendig und zu der damaligen Zeit hatte die Produktion hochwertiger Broschüren eben ihren Preis. Als die 3000 Exemplare endlich vor mir lagen, betrachtete ich sie mit Stolz. Selbstläufer, dachte ich, doch weit gefehlt. Über die neuen Werbematerialien wurden gerade einmal drei Bestellungen getätigt. Das war's, all die Zeit, das investierte Geld, für nur drei Bestellungen.

Natürlich war diese Erfahrung nicht angenehm, aber wie jede Erfahrung hatte sie den Vorteil, dass man aus ihr lernen konnte. Darüber, wie man aus leidvollen Erfahrungen etwas lernt, kann ich ein Lied singen. Die meisten dieser Erkenntnisse gebe ich weiter, damit andere nicht die gleichen Fehler begehen wie ich. Auch dir werden beim Lesen dieses Buches immer wieder genau diese Erlebnisse begegnen, aus denen ich meine Lehren zog. Meine Einstellung wandelte sich nach dieser Erfahrung radikal ins Gegenteil. Heutzutage bin ich überzeugt: Wer die vorhandenen Hilfsmittel nicht nutzt und das „Rad neu erfinden" will, der begeht einen großen Fehler und wird dies schnell bereuen! Auch wenn mir die selbst entworfenen Broschüren besser gefallen haben, so müssen das die Kunden noch lange nicht genauso sehen. Taten sie offensichtlich auch nicht.

> **STEPS to SUCCESS**
> *Fehler passieren.*
> *Das ist gut - sofern man daraus lernt!*

Damit du nicht in die gleiche Falle tappst wie ich, solltest du immer die Materialien und Erfahrungen nutzen, die bereits vorhanden sind. Sie sind von Fachleuten designt, die sehr genau wissen, was und warum sie etwas tun, weit besser, als man es selbst weiß. Eigenes Erstellen produziert viele Kosten und nur wenig Ertrag. Fast noch schlimmer ist aber der Zeitverlust, den man bei einer Neuerstellung einbeziehen muss. Hätten wir die vorhandenen Materialien genutzt, wäre uns dies alles erspart geblieben, und wir hätten in dieser wertvollen Zeit sowohl Kunden als auch neue Partner gewinnen können.

Aber ich zog auch noch ein weiteres wichtiges Learning aus dieser Erfahrung:

Fehler dienen dazu, dich klüger zu machen.

Dadurch, dass ich damals die nutzlosen Broschüren habe drucken lassen, machte ich diese Erfahrung sehr frühzeitig. Vielleicht wäre mir sonst dieser Fehler später unterlaufen, in wesentlich größerem Rahmen und mit noch viel mehr Zeit- und Geldverlust. Vor allem aber kannst du daraus lernen: Solltest du einmal eine ähnliche Überlegung hegen, dann erinnere dich an diese kleine Episode. So ersparst du dir einiges.

Vorbehalte machen stark

Jeder kann sich an den einen oder anderen Dämpfer erinnern, den er in seinem Berufsleben erfahren hat. Manche verdrängen dies oder ignorieren einfach das Geschehene. Andere wiederum versuchen, ihre Schlüsse daraus zu ziehen und etwas aus dem Erlebten zu lernen. Mich erwartete allerdings ein Vorkommnis, das sehr schmerzhaft für mich war und das diejenigen, die im Network-Marketing tätig sind, wahrscheinlich nachempfinden können. Zuweilen hat man mit Vorbehalten zu kämpfen, die aus Unwissenheit und traditionellem Denken herrühren. Gemeinsam mit meiner damaligen Freundin besuchte ich eine meiner älteren Schwestern. Ich freute mich auf den Besuch, denn ich hatte sie längere Zeit nicht mehr gesehen. Unser familiärer Zusammenhalt war groß, wir unterstützten einander und standen uns immer, wenn es irgend möglich war, mit Rat und Tat zur Seite. Insofern sah ich dem Treffen mit Freude entgegen, hatte nicht die geringsten Befürchtungen, dass es etwas geben könnte, das unser Verhältnis hätte trüben können. Ich hatte vor einigen Monaten meine neue Tätigkeit begonnen und dachte, meine Schwester würde mich mit Fragen nur so löchern. Als wir dann meine Schwester trafen, war etwas anders. Sie war nicht, wie ich sie sonst kannte, liebevoll, offen und humorvoll. Ihre Antworten waren spärlich, sie erzählte wenig. Bis zu dem Punkt, als wir auf meine Tätigkeit im Network-Marketing zu sprechen kamen. Da platzte es aus ihr heraus: „Das ist doch nicht dein Ernst. Du willst das doch nicht wirklich langfristig machen?"

Jetzt verstand ich, was sie so nachdenklich gemacht hatte. Wahrscheinlich ist es die Aufgabe aller Schwestern dieser Welt, den kleinen Bruder vor „Unheil" zu bewahren. Nicht viel anders sieht es natürlich bei dem Rest einer Familie aus. Alle Mütter, Väter, Ehepartner, Tanten, Onkel etc. wollen wirklich nur dein Bestes. Wahrscheinlich fühlt sich deswegen auch jeder dazu berufen, dir die eigenen Bedenken mitzuteilen. Das geschieht aus Liebe und Sorge um dein Wohlergehen, weshalb du es niemandem verübeln solltest. Das weiß ich jetzt. Damals war ich mir sicher, meine Schwester mit wenigen Worten beruhigen und etwas von ihren Vorurteilen nehmen zu können. Immerhin hatte sie selbst zuvor die Produkte getestet, mit denen ich mein neues Leben gestartet hatte. Trotzdem war es mir peinlich, dass diese unangenehme Situation vor meiner Freundin stattfand, denn ich wollte nicht wie der kleine Bruder dastehen, der nichts aus seinem Leben zu machen weiß.

„Du wirst unter der Brücke enden!", hörte ich sie sagen. Das ging mir unter die Haut. Ich verstand es nicht. Für mich war klar, dass ich die richtige Entscheidung getroffen hatte. Dies hatte mir nicht nur mein Bauch gesagt, sondern ich hatte mich sowohl mit dem Produkt als auch mit dem Geschäftsprinzip auseinandergesetzt. Es machte alles Sinn. Die Produkte waren top und die Branche zukunftsträchtig. Und dazu hochgradig spannend. Konnte es sein, dass ich der einzige war, der das so sah? Hätte ich zu diesem Zeitpunkt schon von der Auslach-, der Neid- und der Anerkennungsphase beim Einstieg ins Network-Marketing gewusst, hätte mir die Reaktion meiner Schwester nicht die Bauchschmerzen bereitet, wie sie es getan hat.

Wo aber kommen nun diese Vorbehalte her, die jedem im Network-Marketing irgendwann einmal begegnen? Die Zweifel der Anderen schüren Ängste in einem selber. Wie könnte es auch anders sein, steht man doch gerade erst am Beginn einer neuen Aufgabe. Man gewinnt genau dieser Aufgabe sehr viel Positives ab, doch gleichzeitig stellt man sich selbst Fragen. Wie werde ich mich in der Selbständigkeit machen? In welcher Größenordnung werden meine Einnahmen liegen? Wie kann ich überleben, wenn die Geschäfte mal nicht so gut laufen? Ist es wirklich der richtige Schritt, den ich gehen will? Was denken die anderen über mich? Lachen sie mich womöglich aus?

Dazu erst einmal etwas Grundsätzliches: Wenn du dein Leben vorantreiben willst, wenn du dich verbessern möchtest, dann musst du etwas ändern. Natürlich kannst du nicht bis ins Detail abschätzen, was auf dich zukommt, das wäre auch unsagbar langweilig. Freue dich auf die neue Aufgabe, dein neues Leben ohne Beschränkungen, ein Leben, das du dir selbst aufbaust und dessen Erfolg du ganz alleine bestimmst. Kein Grund für Ängste, nur ein Grund für Vorfreude.

STEPS to SUCCESS
Gehe deinen Weg und lass dich durch die Vorbehalte der Anderen nicht aufhalten. Deren Bedenken sollten dich noch mehr motivieren, erfolgreich zu sein

Die Vorbehalte, denen du vielleicht begegnen wirst, stammen daher, dass alles, was „neu" ist, erst einmal skeptisch betrachtet wird. Wie bereits angesprochen, wuchsen wir alle mit dem Verständnis auf, dass unsere Konsumgüter vom Hersteller über ein oder mehrere Zwischenhändler im Ladenregal landen und dort genau das halten, was uns in der Werbung versprochen wurde. Zum Glück haben sich die Vertriebswege inzwischen erweitert. Der Markt ist offener und vielfältiger geworden. Das Verständnis vieler Menschen hinkt allerdings hinterher. Widmet man sich diesem Thema etwas eingehender, dann stößt man auf Slogans, die noch vor nicht allzu langer Zeit zu lesen waren. Hier hieß es beispielsweise: „Die größte Hotelkette betreibt keine Hotels." Die Rede war von „airnb". Aber auch andere dieser sogenannten „asset-free business models" kamen in die Schlagzeilen, weil sie eben ohne die gewohnten Mechanismen funktionierten. „Das größte Taxi-Unternehmen der Welt hat keine eigenen Fahrzeuge.", meldete „uber" stolz. Eine neue Art, ein Business zu betreiben, war geboren. Heute sind diese Geschäftsmodelle kaum noch aus unserem Leben wegzudenken und gesellschaftlich größtenteils akzeptiert.

Auch der Blick auf selbstfahrende Autos ist in dieser Hinsicht interessant. Bestimmt kannst auch du dich noch daran erinnern, wie Berichte über die ersten Entwicklungen von selbst fahrenden Autos wie Artikel aus einem Science Fiction-Magazins klangen. Und heute? Politiker diskutieren inzwischen über den Zeitpunkt, wann diese Fahrzeuge auf unseren Straßen zugelassen werden. Schöne neue Welt, dank Inspiration, Fortschritt und - in diesem Fall - Tesla.

Es ist nicht so lange her, da galt das Internet als nicht zukunfts–
trächtig. Später dann wurden noch absurde Ideen wie das Verstei-
gerungsportal „ebay" als Spinnerei abgetan. Zu allem Überfluss kamen auch noch Unternehmen dazu, die so gut wie alles vertreiben
- und das ausschließlich über das Internet. Der Vorreiter „amazon"
wurde anfänglich nur mitleidig belächelt. Was ist davon aus der
heutigen Welt noch wegzudenken? Wie werden die Betreiber heutzutage darüber denken, dass sie damals einer Flut von Vorbehalten
ausgesetzt waren? Ich schätze, dass sie lachen.

Ein zweiter, sehr wesentlicher Grund, warum Menschen Vorbehalte gegenüber dem Network-Marketing haben: Unwissenheit.
Die meisten Menschen haben sich mit diesem Thema nicht oder
nur wenig beschäftigt.

STEPS to SUCCESS
Network-Marketing ist immer noch neu und aufregend.
Vorbehalte beruhen auf Unwissenheit und fehlenden
Informationen. Du weißt es besser!

Network-Marketing ist eine der interessantesten und dynamischsten Vertriebsformen unserer Zeit. Die Rahmenbedingungen könnten fairer nicht sein und die Verdienstmöglichkeiten sind für alle gleich. Die Produkte werden den Vertriebspartnern zu gleichen Konditionen direkt vom produzierenden Unternehmen zur Verfügung gestellt. Man verdient durch die Auszahlung der Provisionen.

Beim Network-Marketing stehen Netzwerk und Teamcharakter im Vordergrund. Es geht darum, gemeinsam mit selbständigen Vertriebspartnern zu arbeiten, sich gegenseitig zu schulen, weiterzubilden und Führungsqualitäten zu erlernen. Es handelt sich also um klassische, produktive Teamarbeit. Dazu bietet ein seriöses Network-Marketing-Unternehmen hochwertige Produkte an. Aufgrund all der aufgeführten Punkte erklärt sich auch, warum im Network-Marketing so viele Meetings, Workshops und Seminare stattfinden. Sie dienen dem fortwährenden Coaching, der Motivation, sowie der Aus- und Weiterbildung. Außerdem fördern sie einen einzigartigen Team-Spirit, wie er in den meisten anderen Branchen wohl nur schwer oder gar nicht zu finden sein wird.

Warum habe ich dieses inzwischen weit zurückliegende und eigentlich längst vergessene Vorkommnis mit meiner Schwester hier angesprochen? Mir ist es wichtig, dass sich niemand aufgrund solcher oder ähnlicher Vorkommnisse unsicher fühlt. Ganz ehrlich, es ist normal, dass einem zu Beginn Unverständnis entgegengebracht wird. Die Gründe hierfür habe ich gerade angesprochen: Unwissenheit und traditionelles Denken. Lass dich dadurch nicht von dem Weg abbringen, den du beschreiten willst. Ich selbst habe diese Erfahrungen machen müssen, bin trotz der Vorbehalte ins

Network-Marketing eingestiegen. Und heute gibt es kaum noch jemanden, der Zweifel hat. Nein, stattdessen höre ich immer häufiger den Satz: „Ich habe es doch immer schon gesagt." So weit geht meine Schwester allerdings bis heute nicht.

Bleibt die Frage, warum ich mich damals nicht von meinem Weg habe abbringen lassen. Immerhin war es einer der mir am nächsten stehenden Menschen, der mir vehement davon abgeraten hat. Die Antwort ist einfach: Der Drang in mir war immer stärker als ihre Vorbehalte. Mir war klar, dass ich mein Leben in Freiheit und Unabhängigkeit leben wollte. Diese Vision war für mich immer viel, viel größer als die negativen Inputs.

Du solltest dich das Gleiche fragen:

> *Wie sieht deine Vision aus, deine Vorstellung,*
> *wie dein Leben verlaufen soll? Denke darüber nach,*
> *wie du dein Leben gestalten willst.*
> *Schließlich triffst nur du deine Entscheidung.*

Ich war nach dem Treffen mit meiner Schwester, so sehr mich ihre Aussagen auch getroffen hatten, noch motivierter als zuvor. Ich wollte noch mehr Gas geben, um es (auch) ihr zu zeigen. Und somit wurde auch sie einer der kleinen Diamanten, die meine Karriere beflügelt haben. Natürlich hatte sich die damalige Meinungsverschiedenheit irgendwann wieder gelegt und heute lachen wir beide herzlich, wenn wir daran zurückdenken. Meine Schwester hat natütlich inzwischen längst eingesehen, dass sie genau den gerade angesprochenen Vorbehalten ausgesetzt war wie so viele Menschen. Davon sollte man sich nicht abschrecken lassen. Denn hier bewährt sich einmal wieder ein altes Sprichwort: Wer zuletzt lacht, lacht am besten.

Der Weg ist (auch) das Ziel

Wie du nicht nur durch das Erlebnis mit meiner Schwester gemerkt hast, führt der Weg zum Erfolg nicht über eine gerade und wenig befahrene Straße. Das denken zwar viele, aber ich habe viele Kurven nehmen müssen, um mein Ziel und auf dem Weg dorthin meine Zwischenziele zu erreichen. Was ich dabei gelernt habe, kann mir niemand mehr nehmen. Was gegangene Umwege betrifft, bin ich jeden Tag mein bestes Vorbild. Was hielt und hält mich immer wieder davon ab, meine Ziele direkt zu erreichen? Zumeist ist es der einfache Fakt, dass ich noch einen Umweg gehen muss, um es danach besser zu machen. Ein Umweg des Lernens und ich bin für jeden dieser Wege dankbar.

Ein Beispiel aus meiner frühen Zeit im Network-Marketing soll dies verdeutlichen: Ich hatte mich mit meinen Produkten auseinandergesetzt, hatte sie auf Herz und Nieren getestet. Ich wusste, dass sie ausgesprochen hochwertig waren. Aber egal, wie sehr ich sie gegenüber potenziellen Käufern in den Himmel lobte, blieb die Begeisterung doch eine ziemlich einseitige Sache. Und genau darin lag die Herausforderung. Stelle dir selbst einmal vor, dass dir jemand gegenübersitzt und dir von einem Artikel erzählt, der weltweit unerreicht ist und dein Leben revolutionieren wird, wenn du ihn erst einmal besitzt. Was denkst du? Wahrscheinlich nicht mehr, als dass hier jemand mit aller Macht versucht, dich um des Verkaufens Willen zu überzeugen - und dabei voll über das Ziel hinausschießt.

Als ich das erst einmal verstanden hatte, war eine weitere Hürde auf meinem Weg umschifft.

Ich teilte in Zukunft ausschließlich meine eigene ehrliche Erfahrung, unterließ jedoch die Superlative. Ab diesem Moment wuchs die Zahl meiner Kunden kontinuierlich.

Diese Erfahrungen, diese Umwege, will ich noch heute neuen Businesspartnern nahelegen. Es liegt mir nichts daran, ihnen, wie es einige Network-Marketers gerne tun, alle Erfahrungen als unumstößliches Erfolgsrezept mit auf ihren Weg zu geben. Jeder soll selbst erfahren, was für die eigene Karriere das beste Vorgehen ist. Natürlich unterstütze ich dabei so gut es möglich ist, zeige die Möglichkeiten, motiviere zu großen Zielen und berichte von meinen Erlebnissen. Letztendlich sind aber die persönlichen Erfahrungen, die jeder einzelne Umweg mit sich bringt, immer ein zusätzlicher Edelstein, der später die persönliche Goldkiste füllen wird.

Man lernt niemals aus

Die Kraft der Verbindlichkeit

Erinnerst du dich daran, was ich zum Thema „Verbindlichkeit" gesagt habe? Es steht in einem Atemzug mit den Follow Ups, die ich dir wärmstens empfohlen habe. Egal, welche phantastische Idee du für den erfolgreichen Einstieg in ein Business anwendest - wenn du keine Verbindlichkeit schaffen wirst, geht alles verloren. Kunden, Gäste, Businesspartner, Geschäftsfreunde, sie alle erwarten eines von dir: Verbindlichkeit. Genau das Gleiche machst auch du, wenn du überlegst, ob du ein Auto kaufen willst, eine Reise buchst oder eine Versicherung abschließt. Oder würdest du dem Versicherungsagenten vertrauen, der nach eurem persönlichen Gespräch nichts mehr von sich hören lässt?

Es überrascht nicht, dass jeder gerne meine Proben annahm. Es war das gleiche Phänomen, dass man heutzutage in den Parfümerien erlebt, wenn man etwas gekauft hat. Es kommt vor, das einem noch ein oder zwei Pröbchen zusätzlich angeboten werden. Hier greift jeder zu - und bei meinen potenziellen Kunden war es auch nicht anders. Der Fakt, dass kostenfreie Artikel nur zu gerne angenommen werden, stellt eine scheinbar banale, aber trotzdem wichtige Erkenntnis dar. Denke einmal an deinen letzten Messebesuch zurück. Welcher Aussteller hatte den meistbesuchten Stand? Höchstwahrscheinlich derjenige, der die meisten Werbegeschenke ausgab. Da mutieren Besucher schon einmal zu einer Horde plündernder Raubritter. Was davon später, wenn man zuhause die bedruckten Papiertüten entleert, wirklich behalten wird, ist normalerweise sehr wenig. Warum macht das Verteilen von Proben dann überhaupt Sinn? Ganz einfach, in meiner Branche dient es dazu, Kontakte aufzubauen. Man beginnt ein Gespräch, man redet über das Leben, die Arbeit und vernetzt sich dabei schon automatisch. Ich habe immer Businesskarten dabei, das ist wichtig, um die Kontakte weiter zu pflegen und ausbauen zu können. Networking beginnt im Kleinen, bevor es groß werden kann.

Eine kostenfreie Probe anzunehmen ist die eine Sache, selbst in die Tasche zu greifen, Geld zu entnehmen und das jeweilige Produkt dann auch wirklich zu kaufen, eine ganz andere. Deshalb hielt ich den Kontakt zu den Interessenten, fragte nach ihren Erfahrungen und nach ihrer Zufriedenheit. Diese persönliche Nähe war in den meisten Fällen der ausschlaggebende Punkt für eine Kaufentscheidung. Da ich von dem Produkt überzeugt war und auch alle damit in Zusammenhang stehenden Fragen beantworten konnte, wuchs die Zahl der (Nach-)Bestellungen kontinuierlich. Ein erster Schritt war getan, denn ich konnte mir so mein regelmäßiges Fixeinkommen sichern, was mir zeigte, dass ich auf dem richtigen Weg war. Ich wählte Interessenten und Kunden aus, von denen ich wusste, dass sie selbst gut vernetzt waren und auch, selbst wenn mir das Wort in dieser Zeit noch nicht geläufig war, als Meinungsbildner, Multiplikatoren oder Influencer eine entscheidende Rolle spielen konnten. Sie gehörten zu einem ausgewählten Zirkel, zu meinem Kreis von Vertrauenspersonen. Ich ließ sie neue Produkte testen, hörte interessiert, was sie dazu sagten. Und ich wusste, dass sie ihre Zufriedenheit und ihre Begeisterung nicht nur mir mitteilten, sondern auch ihren Freunden und Bekannten. So wuchs mein Netzwerk, denn die auf die Empfehlungen folgenden Bestellungen wurden über mich getätigt - und so fand ich neue Interessenten und Kunden, ohne sie direkt angesprochen zu haben.

> **STEPS to SUCCESS**
> *Kunden werden (Wieder-)Besteller.*
> *Kunden werden Partner.*
> *Kunden geben dir Empfehlungen für zukünftige Kunden*
> *und zukünftige Partner.*

Natürlich gab es auch diejenigen, die nicht sofort überzeugt waren, zumindest nicht so sehr, dass sie dafür Geld investieren wollten. Diese weckten in mir den Ehrgeiz. Es war der Sportler in mir, der Fußballer, der den Erfolg wollte. Ich blieb mit ihnen in Kontakt, schickte ihnen, egal von wo auf der Welt, Weihnachts- und Geburtstagsgrüße. Wenn ich sie ein wenig näher kannte, rief ich sie hin und wieder an. Der Kontakt brach nie ab, auch wenn mit steigender Zahl der Kontakte der Aufwand dafür unweigerlich immer größere Ausmaße annahm. Irgendwann bestellten sie, nicht nur einmal, sondern immer wieder. Bei jedem einzelnen fühlte ich mich an das Gefühl erinnert, ein Tor geschossen zu haben. Am Ende stand der Sieg!

Wenn du planst, den Schritt in die aufregende Welt des Network-Marketings zu gehen, dann gibt es einen entscheidenden Faktor, der über Erfolg und Misserfolg entscheiden kann: dein

Netzwerk. Es trägt die Namen und Kontaktdaten von Personen, die mit dir in einer Verbindung stehen, privat oder geschäftlich. Das sind die Menschen, die du leicht und schnell erreichen kannst. Es sind auch deine potenziellen Kunden. Also ist es enorm wichtig, dieses Netzwerk bestmöglich zu pflegen. Wie das geht? Durch Verbindlichkeit. Denke für einen Moment an ein Restaurant, das du gerne besuchst. Seit Jahren genießt du das Ambiente und die ausgezeichnete Küche. Man kennt dich mit Namen, begrüßt dich freundlich und gibt dir das Gefühl, Teil der Familie zu sein. Du zahlst für dieses Gefühl und für das gute Essen. Nun, und die Gründe hierfür können vielfältig sein, ändert sich etwas in diesem Restaurant. Das Essen verliert an Qualität, die Bedienungen würdigen dich keines Blickes, deine zusätzlichen Wünsche werden ignoriert, der Preis steigt. Als treuer Gast gibst du dem Restaurant eine zweite Chance und wirst wieder enttäuscht. Vielleicht, wenn du ein wirklich loyaler Mensch bist, versuchst du es noch ein drittes Mal. Wirst du auch hierbei keine guten Erfahrungen machen, kehrst du der Lokalität den Rücken - wahrscheinlich für immer. Schade, denkst du, aber es gibt genügend andere. Recht hast du!

Immer wieder frage ich mich, warum Hersteller, Ladenketten, gastronomische Betriebe und Dienstleistungsunternehmen so viel finanziellen und zeitlichen Aufwand betreiben, um Kunden zu gewinnen, wenn sie sie durch einen schlechten Service oder mangelnde Qualität gleich wieder verlieren. Es ist schwer, neue Kunden zu gewinnen. Es ist leicht, sie zu behalten. Warum wird dann gerade dieser zweite Punkt von vielen, auch von Networkern, so stiefmütterlich behandelt?

Du solltest mit deinem Netzwerk nicht den gleichen Fehler begehen, denn du wirst sehen, dass mehr Arbeit darin liegt, neue Kontakte zu schaffen als sie durch Hilfsbereitschaft und ehrliche Freundlichkeit zu behalten. Sorge dafür, dass dein Restaurant immer gefüllt bleibt - mit zufriedenen Gästen, die gerne wiederkommen, sich über Nachrichten von dir freuen und dich ruhigen Gewissens in ihrem Freundeskreis weiterempfehlen. Das Zauberwort heißt auch hier: Verbindlichkeit. Jeder aus deinem Netzwerk muss sich auf dich verlassen können. Was du sagst, musst du auch tun, was du versprichst, musst du halten.

Manchmal schlägt das Thema „Verbindlichkeit" allerdings eigenartige Kapriolen.
Wie ich das meine, liest du im nächsten Abschnitt.

Ohne Stürmer

„Da steckste nicht drin."

Jupp Derwall
1927-2007, ehemaliger Bundesligaspieler und
Trainer der deutschen Nationalmannschaft *

Der Mann, von dem ich jetzt erzählen möchte, gehört zu den größten in unserer Branche. Er ist einer der größten Networker der Welt. Ein Mann, der Hallen füllt, weil Tausende sein Erfolgsrezept kennenlernen wollen. Auch für mich ist er eine Ikone, ein Musterbeispiel für einen erfolgreichen Menschen, der sein Schicksal selbst in die Hand genommen und zu unfassbaren Triumphen geführt hat. Ich war glücklich und stolz, dass ich es geschafft hatte, ihn für eines meiner Events zu gewinnen, um dort einen Vortrag zu halten. So dachte ich jedenfalls. Die Einladungskarten waren gedruckt, „Seminar mit Network-Multimillionär" stand drauf, das zog. Mehrere hundert Leute hatten sich angesagt und füllten nach und nach den Saal. Da hätte ich eigentlich schon backstage mit meinem Stargast sitzen sollen, mit ihm sprechen, ihm zuhören und von seinem Wissen und seinen Erfahrungen profitieren sollen. Aber wie heißt es doch so schön? „Erstens kommt es anders, zweitens als man denkt!" Zwei Stunden vor Seminarbeginn traf es uns wie ein Schlag mit dem Hammer. Wir würden nicht als komplettes Team auf die Bühne gehen. Nicht einmal mit zehn statt elf Spielern. Er hatte abgesagt. 120 Minuten vor Anpfiff. Da ist die Mannschaft nicht nur um einen Mann reduziert, da ist es so, als hätten sich der gesamte Angriff und das komplette Mittelfeld in der Kabine verbarrikadiert oder wäre mit dem Mannschaftsbus zu einem anderen Spiel weitergefahren.

Was war passiert und warum? Diese und andere Fragen schossen mir durch den Kopf, legten mich erst einmal lahm. Unser angekündigter Hauptredner war, wie wir Schweizer es sagen, „verstimmt". Nicht ungehalten, sondern im wahrsten Sinne des Wortes. Seine Stimme war weg, er hätte keinen Ton herausgebracht. Seine körperliche Präsenz hätte da auch nicht viel geholfen. Das Publikum wollte hören, was dieser Mann zu sagen hat. Persönlich und live, ohne Playback oder Ersatzredner. Die Uhr tickte, die Zeit lief erbarmungslos runter. Tick tack, tick tack, unaufhörlich und ohne Gnade. Ich spürte förmlich, wie mir die Zeit wie Sand durch die Finger lief. Ich konnte die Uhr nicht anhalten, konnte nichts mehr verschieben, konnte das Event nicht absagen. Nicht kurz vorher. Aber was sollte ich den Leuten sagen? Keine Stimme, kein Auftritt, kein Hauptdarsteller? Keine Chance zu erfahren, wie dieser Mann es geschafft hatte? Was sein Erfolgsrezept war? Wie sollte ich diese Lücke füllen? Zwar hatte ich zu diesem Zeitpunkt auch schon passable Erfolge vorzuweisen. Aber wollte das Publikum das hören? Vielleicht schon, aber nicht in erster Linie.

Der Star war nicht da, die Zweitbesetzung darauf nicht vorbereitet. Irgendwann wurde mir, je weiter die Zeit fortschritt, klar, dass etwas passieren musste. Die Bühne konnte ja nicht leer bleiben. Was auch immer geschehen würde, es lag an mir, es war meine Aufgabe, den Tag zu retten. Mein Sponsor könnte mich unterstützen, aber ich musste das Kind, das in den Brunnen gefallen war, alleine wieder herausholen. Ich hatte mich bereits genug geärgert. Vielleicht waren es, wenn man die Realzeit nimmt, zwei Minuten, aber das fühlte sich zum damaligen Zeitpunkt wie ein Jahrhundert an. Ich wusste: Nimm dir nur ganz kurz Zeit, genervt zu sein, dann übernimm die Verantwortung und suche nach Lösungen.

> ## STEPS to SUCCESS
> *Ärgere dich nur eine kurze Zeit lang.*
> *Sieh der Situation ins Auge. Mach dich davon nicht abhängig,*
> *sondern übernimm die Verantwortung.*
> *Es ist dein Geschäft, also handle!*

Natürlich wusste ich, dass das ganz so einfach auch nicht ist. Aber sei es drum, das hilft einem nicht weiter. Mir war klar, dass ich zaubern musste. Ich weiß nicht mehr was und wie, aber ich versuchte mich als Magier, als Illusionist, als Mentalist. Ich war gleichzeitig Drehbuchautor, Regisseur und Hauptdarsteller meiner eigenen Show, die ich live performte. Das Drehbuch schrieb ich beim Spielen, den Text sprach ich ohne vorherige Probe, Spielanleitungen gab ich mir beim Acting. Ich dachte nicht mehr an die Zeit, improvisierte, versuchte, dem Publikum das zu geben, was es erwartete. Irgendwie funktionierte es. Ich war erschöpft aber auch euphorisiert. Ich hatte eine völlig unerwartete Situation gemeistert. Spontan, ohne Netz und doppelten Boden. Vorfälle wie dieser haben einen positiven Nebeneffekt. Sie helfen bei der Persönlichkeitsentwicklung. Was manchmal viele Monate oder sogar Jahre in Anspruch nimmt, wird durch derartige Ereignisse erheblich beschleunigt - weil man gezwungen ist, die Situation zu meistern. Hier und jetzt!

Für mich, der immer danach strebte, Krisen und Probleme eigenständig bewältigen zu können, war der Vorfall ein Sprung, nein, ein Sturz ins kalte Wasser. Ich musste agieren, konnte mich nicht verstecken. Ich musste Stärke und Flexibilität unter Beweis stellen. Und manchmal ist es ein Glücksfall, wenn einem nicht viel Zeit zum Nachdenken bleibt. So war es auch hier.

Solche Situationen bringen mich immer wieder zum Nachdenken. Meine Geschichte sollte das auch bei dir auslösen. Stelle dir wieder die Fragen, die das Fundament deiner Karriere sind:

Was sind deine Ziele, wenn es um die Entwicklung
deiner Persönlichkeit geht?
Willst du unabhängiger von anderen werden?
Willst du dich selber besser kennenlernen und verstehen?
Bist du „Konsument" oder „Gestalter"?

Nimm dir einige Minuten Zeit, darüber nachzudenken. Das Leben wird dich in Situationen bringen, die du meistern musst (und wirst). Du kannst bereits im Vorfeld an deiner Entwicklung arbeiten, dich freiwillig in Situationen begeben, die du bewältigen willst. Denn es geht nicht darum, weniger Probleme zu haben, es geht darum, diese besser bewältigen zu können. Ich musste es genau in diesem Moment lernen, du hast dafür möglicherweise mehr Zeit. Im Network-Marketing solltest du kommunizieren können. Am besten auch irgendwann freie Reden halten können. Doch wie trainiert man das? Starte vor vertrauten Menschen, deiner Familie oder Freunden. Und dann vergrößere die Zahl der Personen, vor denen du sprichst. Irgendwann macht dir die geschäftliche Präsentation vor einer großen Zuhörerschaft auch nicht mehr zu schaffen. Du willst deine Zurückhaltung ablegen? Starte damit, dass du fremde Menschen nach dem Weg oder der Uhrzeit fragst. Steigere dich, indem du jemanden Unbekannten ein Kompliment über ein Kleidungsstück machst und frage diese Person, wo sie es gekauft hat. Erhöhe schrittweise die Anforderungen dir selbst gegenüber - du wirst dabei lernen und dich entwickeln.

Was das alles mit beruflichem Erfolg zu tun hat? Das wird durch den Satz „Money follows Personality" erklärt. Je weiter deine Persönlichkeitsentwicklung fortgeschritten ist, umso größer sind deine Chancen, im Network-Marketing erfolgreich zu sein.

> ## STEPS to SUCCESS
> *Katastrophen passieren, mach das Beste daraus.*
> *Verschwende keine Zeit auf das „Warum?".*
> *Nutze die Zeit, die du hast, zum Denken und Handeln.*
> *Sei der beste Drehbuchschreiber, Regisseur und Schauspieler*
> *in dem Moment, in dem du es sein musst.*

Jede Story hat ihre Pointen. Bei unserem Seminar ohne Hauptdarsteller gab es auch einen witzigen Punkt. Hätte ich das vorher gewusst, wäre ich gelassen geblieben und hätte eine großartige Präsentation abliefern können, die allerdings nicht fair gewesen wäre. Als ich mit meinem Sponsor auf der Bühne erschienen war, schien das Publikum hocherfreut. Keine fragenden Blicke, kein Geraune. Viele dachten, ich hätte bereits den angekündigten Hauptredner des Tages im Schlepptau. Dass es sich um meinen Sponsor handelte, war zwar nicht so interessant wie der erwartete Millionen-Dollar-Earner, nichtsdestotrotz war das Event ein voller Erfolg und wir haben die Situation bravourös gemeistert. Aus diesem besonderen Tag ergab sich noch etwas völlig Unerwartetes. Nach der Veranstaltung unterhielt ich mich mit zwei Besuchern. Ich erzählte ihnen von den vorangegangenen Ereignissen und konnte sogar langsam wieder darüber lachen. Zu diesem Zeitpunkt ahnte ich noch nicht, dass sich beide meinem Team anschließen würden. Heute gehören sie zu meinen Top-Führungskräften.

Wann immer ich an dieses Seminar denke, komme ich nicht umhin, mich zu fragen, ob sich tatsächlich an diesem Abend die Stimme meines „Stargastes" verabschiedet hatte. Oder war es ein Kunstgriff, ein ausgefuchster Plan, den Nachwuchsspieler Philipp Ritter ohne Vorwarnung von der Bank aufs Spielfeld zu holen? Und das nicht etwa kurz vor dem Abpfiff, sondern von Anfang an. Für beide Spielhälften. Für 90 Minuten und dann noch ohne Halbzeitpause. Lass ihn spielen, hat er sich vielleicht gedacht. Ohne mich zu fragen. Sollte dem so gewesen sein, dann danke. Du hast mich ins Spiel gebracht, ich habe gespielt, bis zum Schluss. Vielleicht nicht perfekt, aber bestmöglich. Und ich habe gelernt, wieder einmal.

Coach Phil Ritter

Ich werde häufig gefragt, wie ich es schaffe zu motivieren. Da denke ich an die Vergangenheit zurück. Wie hast du es geschafft, dich selbst zu motivieren? Und dann lande ich unweigerlich wieder beim Fußball. Tägliches Training war auch für mich nicht immer leicht. Manchmal hast du einfach keine Lust. Vielleicht hast du auch beim letzten Mal vom Trainer gehört, dass er mit deiner Leistung gar nicht zufrieden war. Aber den kleinen Dickschädel in den Sand zu stecken, zu kneifen und zuhause bleiben, statt mit den anderen Jungs auf dem Platz zu sein, sich Zweikämpfe zu liefern, Spielzüge einzuüben? Da kann man ein, zwei Sekunden darüber nachdenken, dann wird die Sporttasche gegriffen und auf zum Training. Schon um es dem Trainer zu zeigen. Ich habe schon damals aus Negativsituationen meine eigenen Schlüsse gezogen und diese gebe ich heute weiter.

STEPS to SUCCESS
Lass dir niemals sagen, dass du etwas nicht erreichen kannst.
Lass dir niemals sagen, dass du scheitern wirst.

Ich kann viel erzählen, über das, was ich tue, aber viel wichtiger ist: Ich lebe es vor. Was ich mitteile, beruht auf eigenen Erfahrungen und Erkenntnissen. Fragt man Menschen im Alter ab 25 Jahren aufwärts, was die wichtigsten Dinge im Leben sind, lautet die Antwort: Geld, Gesundheit, Beziehungen. Ich habe gelernt, damit umzugehen, die Balance zu finden. Wenn ich das jungen Menschen rate, können sie mir glauben. Ich weiß, wovon ich spreche. Auch habe ich gelernt, dass es im Leben und im Business nicht darum geht, sich mit anderen zu vergleichen. Vergleichen führt zu Unzufriedenheit. Denn immer gibt es Menschen, die reicher sind, besser aussehen, ein größeres Haus haben. Das ist nicht entscheidend für mein Leben. Für mich ist wichtig, mit dem, was ich mache, glücklich zu sein. Ich habe gelernt wertzuschätzen, was ich habe. Nicht um protzig von meinem Besitz zu sprechen, sondern vielmehr, weil ich mich gefragt habe, was mir wichtig ist. Es ist eben nicht, von allem das Größte zu besitzen. Es können auch die kleinen Dinge und Momente sein, die dein Leben bereichern. Was hatte ich als Junge im Dorf? Ein schönes Elternhaus, ja. Darin war aber die Familie wichtiger als das Haus an sich. Ich hatte kein eigenes Auto, mein Vater hat mich gefahren. Relevant war nur, dass ich zum Training kam. Auch zu Fuß, mit dem Rad oder mit dem Bus - egal. In diesen Fällen war wieder einmal ausschließlich der Weg das Ziel.

Du kannst nur von einem Teller essen, dich in einem Zimmer befinden, an einem Lenkrad sitzen. Glücklich bist du, wenn es deiner Meinung nach ein guter Teller, ein schönes Zimmer, ein sportliches Lenkrad ist. Was die anderen davon halten, ist egal. Du lebst deinen Traum, nicht ihren. Es gibt derzeit sogar den Trend „minimize your life". Brauchst du wirklich alle Konsumgüter? Ist mehr immer besser? Das musst du für dich selber entscheiden, aber denke einmal darüber nach.

Zurück zur Frage, wie ich als Coach Phil Ritter motivieren kann. Die Antwort ist einfach und komplex: vorausgehen. Die Menschen machen nicht, was du ihnen sagst, sondern was du ihnen vorlebst. Du musst zeigen, dass du selber Verantwortung übernimmst. Dann merken andere, dass sie das für sich auch tun müssen. Es gibt mir ein gutes Gefühl, Vorbild zu sein. Natürlich fasziniert es andere, meinen Erfolg zu sehen. Ich habe das Glück, andere Menschen auf dem Weg nach oben begleiten zu dürfen und zu können. Das macht mich zutiefst zufrieden und glücklich, Tag für Tag.

Dafür muss man natürlich bereit sein, etwas zu tun, sich zu bewegen. Zu sagen, man wisse nicht, wie es geht, ist keine Option. Das Einzige, was man tun muss, ist es zu tun. Man muss sich auf die richtigen Dinge fokussieren und seine Chancen erkennen. Die Bereitschaft zu lernen, darf nie aufhören. Wer sagt nicht mal, das kenne ich schon, wenn es, beispielsweise auf einer Schulung, um ein bekanntes Thema geht. Man lernt immer dazu. Ich habe auch schon so gedacht, gestehe mir aber ein, dass das der falsche Weg war. Immer wieder gibt es bei einem scheinbar bekannten Thema eine neue Erkenntnis, einen neuen Satz, der einen weiterbringt.

Coach Phil Ritter in Aktion

Für mich bestand mein Business immer aus zwei Komponenten: Kunden begeistern und Partner gewinnen. Über den Beginn meiner Kundengewinnung habe ich bereits berichtet. Wie aber stand es nun damit, Partner zu finden, sie aufzubauen und erfolgreich zu machen? Dies war ein Teil meiner Karriere, der mir etwas schwerer fiel, weil mir meine Persönlichkeit hier doch einige Stolpersteine in den Weg legte. Disziplin, Ehrgeiz, Authentizität, Zielstrebigkeit. Das alles sind Attribute, die mir im Blut liegen. Aber es gibt da auch eine andere Seite, die man vielleicht nicht bei jemandem erwartet, der als Sportler schon vor einem großen Publikum seine Leistung unter Beweis stellen musste. Ich bin ein zurückhaltender Mensch, für den es früher die reinste Horrorvorstellung war, auf Menschen zugehen, ja, sie vielleicht sogar ansprechen zu müssen. Kurz gesagt, ich war alles, aber ganz bestimmt keine Rampensau. Heute halte ich Vorträge und Präsentationen in gefüllten Hallen und mein Puls steigt kaum über das normale Maß hinaus. Was war es, was mich so veränderte? Wie fand ich den Mut, mich dem Urteil der anderen öffentlich zu stellen? Hier griff wieder meine Maxime, dass etwas im Leben und für den persönlichen Erfolg nur funktionieren kann, wenn man es ausprobiert. Stell dich hin und tue es, habe ich damals zu mir gesagt. Und auch hier verlief mein Weg nicht ohne Rückschläge.

Ich startete mit monatlichen Schulungen für neue Partner, die in Deutschland in Darmstadt stattfanden. Und bereits hier gab es jedes Mal eine Herausforderung, die ich zu bewältigen hatte. Schweizerdeutsch ist kein Hochdeutsch! Natürlich verstehen wir uns, sprechen dem Ursprung nach die gleiche Sprache, aber der Akzent der Schweizer treibt den Deutschen doch häufig ein amüsiertes Grinsen ins Gesicht - so auch den Interessenten und angehenden Partnern, die mir gegenüber saßen. Da ich als Schweizer jedoch meine Sprache weder verändern noch anpassen will, gab es für mich nur eine Möglichkeit: Gleich zu Beginn einer jeden Schulung auf die Unterschiede hinzuweisen, die die Zuhörer zu erwarten hatten. Dies lockerte eigentlich immer das Eis und brachte mich selbst zum Lachen.

Zurück zu den Schulungen, die am Beginn der Suche nach geeigneten Partner standen. Hier führte ich Testimonials durch, in denen ich Qualität und Einzigartigkeit unserer Produkte den Zuhörern noch näherbrachte, obwohl ihnen diese zum Teil schon bekannt waren. Dem Schulungsteil folgten viele Einzelgespräche. Kaum etwas motiviert mehr, als ein Face-to-Face-Gespräch, kaum etwas schafft mehr Vertrauen. Langfristige Motivation, so stellte ich bereits zu diesem frühen Zeitpunkt fest, beruht auf Ethik und Authentizität. Das hört sich sehr philosophisch an, kann aber recht praktisch erklärt werden. Gerade in meiner Branche wird leider auch viel damit geworben, dass phantastische Summen genannt werden, die es zu verdienen gibt. Der Wahrheitsgehalt ist für die Zuhörer und potenziellen Partner nicht nachprüfbar. Ich habe nie das Geld in den Vordergrund gestellt - und meine Erfahrung zeigt, dass dies richtig war. Verspricht man einem neuen Partner einen schnell und einfach zu erlangenden Geldsegen, läuft man Gefahr, dass er genauso schnell seine Motivation verliert, wenn der Weg dahin doch etwas länger dauert. Und das tut er meistens.

Ich habe immer eine Begeisterung für die Sache geschaffen. Das entspricht meiner Überzeugung und schafft eine lang anhaltende Motivation, denn das Produkt bleibt und hält auch nach vielen Monaten, was es verspricht. Ich habe keine Luftschlösser für Partner gebaut, sondern ihnen einen realistischen Wert gegeben, an den sie glauben und dessen Qualität sie selbst erleben können.

An dieser Stelle will ich ein Beispiel aus meiner aktiven Zeit als Fußballer in Marokko bemühen, um die Unterschiedlichkeit zu verdeutlichen: Auch, oder gerade für Sportler gibt es einen Alltagstrott. Gesundes Frühstück, Training, Mittagspause, noch ein Training, Vorbereitung auf den kommenden Gegner, abends Entspannung und nicht zu spät ins Bett. Man muss für den nächsten Tag mit dem gleichen Ablauf wieder fit sein. Am Wochenende Anreise zum Spiel. volle Konzentration, Leistung abliefern, direkt zurück nach Hause und auf das Training vorbereiten. Nach dem Spiel ist vor dem Spiel.

Hin und wieder aber gab es Highlights, die besonderen Spiele, die deine Nervosität steigern, die dieses besondere Kribbeln hervorbringen. So ist es zum Beispiel bei Derbys, dem Aufeinandertreffen von Mannschaften, deren Herkunftsstädte nahe beieinander liegen. Hier herrscht eine besondere Rivalität. Das fühlt man durch die Presse, die Fans, die Stimmung in der Mannschaft. Und doch waren hier auch immer Unterschiede wahrzunehmen. In der Kabine, kurz vor dem Anpfiff, rückten die Spieler, die in Marokko geboren und aufgewachsen waren, unruhig hin und her. Sie waren bis in die Zehenspitzen motiviert, wollten beweisen, dass sie die Stärkeren sind. Mehr als sonst, diesmal waren sie bereit, über ihre körperlichen Grenzen hinauszugehen, 110 Prozent von dem abzurufen, was möglich war. In der Geschäftswelt und in der Psychologie nennt man einen solchen Zustand „missiondriven". Sie wollten eine Aufgabe erfüllen. Das war in diesem Moment ihr größter Antrieb. Hätte der Trainer eine zusätzliche Prämie für den Fall eines Sieges versprochen - es wäre ihnen in diesem Moment vollkommen egal gewesen.

Dazwischen saßen die anderen - und ich war einer von ihnen. So sehr wir diese Situation auch verstehen und nachvollziehen konnten, so wenig war es uns möglich, in diesem Moment zu sein wie sie. Profi hin oder her, wir waren nicht hier aufgewachsen. Natürlich spürten auch wir die aufgeheizte Atmosphäre und waren auch bereit, bis zum Äußersten zu kämpfen, aber wir würden wohl immer nur 100 Prozent erreichen können - wenn alles gut läuft, niemals 110 Prozent. So sehr ich auch meine Zeit in Marokko genossen hatte, war ich doch niemals ganz einer von ihnen. Ich war durch einen Vertrag mit dem Verein verbunden, war glücklich darüber, aber trotzdem eben ein bezahlter Profi aus dem Ausland. Ich war „moneydriven", auch wenn mein Herz wirklich bei diesem Verein lag. Du siehst, dass diejenigen Spieler, die „missiondriven" waren, mehr Motivation entwickeln konnten, als diejenigen, die „moneydriven" waren.

Vielleicht hattest du selbst einmal ähnliche Erfahrungen gemacht. Vielleicht war es eine Arbeit, die dir nicht gefallen hat. Zu viel zu tun, schlechte Arbeitsatmosphäre, ein ungerechter Vorgesetzter, unkooperative Kollegen. Was wäre passiert, wenn man dir eine Gehaltserhöhung von 150 Euro versprochen hätte? Wie lange hätte dieser Motivationsschub angehalten? Zwei Monate? Drei? Danach wäre alles wieder beim Gleichen. Würdest du jedoch Deine Aufgabe lieben, Deinen Vorgesetzten für den „besten Chef der Welt" halten und mit Deinen Kollegen privat gerne etwas unternehmen, dann wäre deine Motivation bei weitem höher. Und das für lange, lange Zeit.

STEPS to SUCCESS
„Moneydriven" bezeichnet die Motivation, etwas zu erreichen, um einen gewissen Betrag oder eine Vergütung dafür zu erhalten.
„Missiondriven" steht für den Antrieb, eine Idee, oder eine Überzeugung zu vertreten und zu verbreiten.
Die Motivation der „Mission" gilt als anhaltender, verwurzelter und überzeugender..

Natürlich, und das darf nicht geleugnet werden, spielt auch immer der finanzielle Aspekt eine wesentliche Rolle. Für neue Partner geht es darum, Geld für sich und ihre Familie zu verdienen. Dabei helfen den meisten 500 Euro monatlich schon wesentlich weiter.

Ich nutze bei meinen Präsentationen und auf Nachfragen immer realistische Zahlen. Auf dem Weg zu den ersten 1.000 Euro begleite und unterstütze ich neue Businesspartner. So kann ich ihnen bereits zu Beginn durch mein Mentorship diesen ersten Erfolg garantieren. Wenn sie das erreicht haben, glauben sie an sich und ihre Fähigkeiten. Sie wissen, dass sie es schaffen können und haben das erste Gefühl für Erfolg entwickelt. Das motiviert weit mehr als eine utopische Summe, die irgendein fremder Networker irgendwo auf diesem Planeten verdient hat (oder auch nicht). Dabei halte ich es für legitim, über Gewinne zu sprechen, die man selbst erwirtschaftet hat, denn dies ist keine Fiktion, sondern Realität. Tut man dies nicht und stellt astronomisch hohe Summen in Aussicht, hat man bereits den Bumerang geworfen, der sich schon auf dem Weg zurück befindet. Ich bin felsenfest davon überzeugt, dass man gar nicht am Erfolg vorbeikommt, wenn man sein Produkt liebt. Wenn man hinter dem steht, was man tut. Wenn man „missiondriven" ist. Das schule ich meinen Partnern „gebetsmühlenartig" jeden Tag, immer und immer und immer wieder.

Mit der Zeit wuchs die Zahl von Interessenten an einer Partnerschaft. Es war nicht mehr möglich, in kleinerem Rahmen Meetings zu veranstalten und mit jedem einzelnen eingehende, persönliche Gespräche zu führen. Das zeigte mir, dass sich mein Business entwickelte und ich mich auf dem richtigen Weg befand. Die Meetings wurden größer und die Zahl der Teilnehmer nahm kontinuierlich zu. Dies hatte einen wesentlichen Grund: Ich war ehrlich in dem, was ich sagte. Ich kommunizierte klar und brachte Dinge auf den Punkt. Diese Offenheit wurde von den Interessenten anerkannt. Meine Überzeugung zu den Produkten, die Identifikation mit meinem Partnerunternehmen und der Branche, über die ich sprach, war tief empfunden und ehrlich. Das merkten auch die Teilnehmer.

Die Einsamkeit des frühen Vogels

Ich war inzwischen an einem Punkt meiner Karriere angekommen, an dem ich auf viele beachtliche Erfolge zurückblicken konnte und mir auch finanziell keine Sorgen mehr machen musste. Ein Punkt, an dem ich andere unterstützen wollte, mein eigenes Level zu erreichen, ja, mich möglichst zu übertrumpfen. Meine Erfahrungen sollten nicht in einem verborgenen Kämmerlein verstauben, sondern anderen zum Erfolg verhelfen. Nicht ganz uneigennützig, wie ich zugeben muss. Wie ich das meine? Ganz einfach. Es ist wieder einmal wie im Fußball: Spielen in Deiner Mannschaft vier oder fünf Mitspieler auf allerhöchstem Niveau, so bist auch du im Sog ihres Erfolges. Selbst, wenn du nur einen mittelmäßigen Tag erwischt hast, dann agieren sie an diesem Tag eben besser und erfolgreicher als du selbst.

Es geht um den Sieg, und deshalb sag dir in solchen Momenten:

„So what?
Ich freue mich, dass wir den Gegner gerade aus
unserem Stadion schießen. Und es ist ein Vergnügen, sich derart
auf das Können meiner Mitspieler verlassen zu können!"

Aus diesem Grund führte ich regelmäßig sogenannte „Power Sundays" durch. Das waren Meetings, bei denen Erfahrungen ausgetauscht und Best Practices weitergegeben werden konnten. Während dieser besonderen Tage gab es auch Spezialtrainings und Seminare, die jeden weiterbrachten, der daran teilnahm. Ein Geschenk für alle Partner, die es schaffen wollten! Die Infrastruktur, mein Knowhow und die damals noch zu geringe Teamgröße in der Schweiz bot zu dieser Zeit leider nicht die notwendigen Voraussetzungen, um die „Power Sundays" nach meinen Vorstellungen durchführen zu können. Ich hatte damals noch nicht das nötige Standing und war clever genug, bestehende Veranstaltungen und big Events in Darmstadt für meinen Erfolg mitzunutzen. Hier hatte ich geniale Vorbilder, Speaker und einen guten zwischenmenschlichen Austausch zu anderen Vertriebspartnern meiner Company.

Die Veranstaltungen starteten immer um zehn Uhr morgens, einer humanen Zeit selbst am Wochenende. Der Weg nach Darmstadt dauerte einige Stunden, weshalb ich mich mit den interessierten Partnern gegen sechs Uhr verabredete, um die Fahrt gemeinsam zu bestreiten. Zumeist geriet bereits die Autofahrt zu einem kleinen Event, dessen Höhepunkt dann später die Veranstaltung darstellte. Einer dieser „Power Sundays" sollte mir ganz besonders in Erinnerung bleiben. An diesem Morgen war ich mit zehn weiteren Partnern verabredet. Einer von ihnen traf ein wenig zu früh ein, so dass ich nicht alleine warten musste. Die Zeit verstrich und nichts passierte. Gar nichts. Wir blieben die einzigen. Die anderen Interessenten hielten sich irgendwo auf - in Bars, Clubs oder im Bett. Nun ja, wir waren durchweg noch relativ jung. Und für manch einen stellte der Termin nur eine sehr unwillkommene Verpflichtung dar.

Es passierte hin und wieder, dass nicht alle Partner erschienen, aber ich hatte es nie so ausgeprägt erlebt, wie an diesem Sonntag. Wir entschieden uns damals, die Fahrt zu zweit anzutreten. Eigentlich war es gar keine Frage, denn ich freute mich auf diese Veranstaltung, ebenso wie es mein Businesspartner tat. Und wir bereuten es keine Sekunde lang, denn dieser Tag stellte sich sowohl für meinen Partner als auch für mich als ungemein lehrreich und wichtig heraus. Ich bin froh, daran teilgenommen zu haben und habe auch später nie einen dieser „Power Sundays" verpasst. Die Energie, am Wochenende Neues zu erfahren und Wichtiges zu lernen, konnte ich immer aufbringen, ohne dass es mir jemals schwerfiel. Ich wusste, wofür ich es tat.

Natürlich zog ich meine Schlüsse aus diesem Vorfall. Zumindest unbewusst. Er hatte mir gezeigt, welche Partner zuverlässig und wissbegierig waren und welche eben doch nur zum Teil hinter ihrer Aufgabe standen. Es war eine ungeplante Vorselektion. Diese erfolgt automatisch, wenn man akzeptiert, dass Menschen ihre eigenen Prioritäten setzen und du sie deshalb nicht zum Erfolg zwingen kannst. In der Schweiz sagen wir: „Du kannst einen Hund nicht zum Jagen tragen."

STEPS to SUCCESS
Du bist selber dafür verantwortlich, wie dein Weg aussieht.
Wenn du dich weiterbildest, jede Chance zur Verbesserung nutzt
und Herausforderungen als Chance begreifst,
wirst du es schaffen.
Wenn dir jemand den Weg verbauen kann, dann nur du selbst!.

Ich merkte an diesem Sonntag, wie wichtig es war, vorauszugehen. Nur dann gibst du anderen die Möglichkeit, dir zu folgen. Ob sie dies tun, ist ihre eigene Entscheidung. Ich kann meine Disziplin nicht bei anderen voraussetzen, meine Wissbegierde und meine Begeisterung für das, was ich tue, nicht in andere Menschen einpflanzen. Sie müssen sich nehmen, was für sie wichtig ist. Das kann niemand sonst für sie tun. Solltest du eine ähnliche Möglichkeit erhalten, dich selbst zu verbessern und zu lernen, so nutze sie! Sei froh, dass dir diese Chance gegeben wird, nimm sie mit Freude an. So wirst du dich schnell von den anderen abheben, die ihre Prioritäten auf andere Dinge legen. Geschenke soll man nicht hinterfragen, sondern mit Freude akzeptieren. Auch heute noch lasse ich keine Gelegenheit aus, Meetings oder Seminare wahrzunehmen. Für mich sind dies sehr angenehme und willkommene Pflichttermine. Sie bieten neben der Möglichkeit etwas zu lernen auch eine perfekte Plattform, um sich auszutauschen und einen erneuten Motivationsschub zu erhalten. Während deiner ersten Gehversuche im Network-Marketing brauchst du diese Meetings. Und später, wenn du die Spitze der möglichen Erfolgslevel erreicht hast, dann brauchen die Meetings dich. Du merkst, es geht nicht ohne.

Nur der Vollständigkeit halber will ich erwähnen, dass viele unserer Seminare, Workshops und Trainings inzwischen längst in der Schweiz durchgeführt werden. Es hat halt nur ein wenig länger gedauert, bis es so weit war. Und natürlich ist auch immer der „Power Sunday" dabei. Nur die Autofahrten sind etwas kürzer geworden.

Im Network-Marketing ist es nicht
das Ziel, mit allen Geschäfte
zu machen, die brauchen,
was du hast.
Sondern mit all denen,
die daran glauben, was du glaubst.

Erfolg ist kein Zufall

Die Suche nach der Wollmilchsau, die goldene Eier legt

In diesem Buch habe ich oft über Geschäftspartner gesprochen. Über Führungskräfte, vielleicht auch Leader und Manager. Vielleicht sagst du dir: „Der kann ja viel erzählen. Die richtigen Menschen, die mich unterstützen, um erfolgreich zu sein, fallen bestimmt nicht vom Himmel." Du hast vollkommen Recht! Mehr noch, du hast damit einen Punkt angesprochen, der eine der größten, wenn nicht sogar die größte Herausforderung in der Branche darstellt. In meiner Zeit im Network-Marketing habe ich diese Erfahrung mehr als einmal leidvoll machen müssen. Ich habe oft auf das falsche Pferd gesetzt, zu lange an Menschen festgehalten, zu sehr den Fokus auf Quantität anstelle von Qualität gelegt. Damit du gleich in die richtige Richtung starten kannst, räume ich diesem Thema mehr Platz als einigen anderen ein.

Wir sprechen über Menschen und jeder Mensch ist anders. Nicht jeder ist richtig im Network-Marketing, hat aber großartige Potenziale in anderen Bereichen. Für mich galt es herauszufinden, welcher Partner für mich der richtige ist. Das bedeutete, dass meine Mitarbeitergewinnung nach ersten Fehlschlägen relativ schnell auf sogenannte „High Potentials" ausgerichtet wurde. Ich wollte die besten, diejenigen, die mir mit ihrer Begeisterung, ihrer Einstellung und ihrer Persönlichkeit das Business vorantreiben konnten. Partner, die sich eine Karriere aufbauen wollten. Die mir selbst helfen konnten, die zu mir passten, die mir Energie gaben, anstatt sie mir zu nehmen. Der Grundsatz der Network-Marketing-Branche lautet: Neues Wachstum generiert sich immer nur aus neuen Partnern! Nun denkst du wahrscheinlich, dass die meisten Top-Kandidaten ja ohnehin in hohen Positionen sitzen, mehr als genug Geld verdienen und gar kein Interesse haben, ins Network-Marketing einzusteigen. Und dann auch noch mit dem Vertrieb von Wellnessprodukten - ich erinnere mich nur zu leicht an meine eigenen Bedenken. Auch hier hast du ein Stück weit Recht. Und doch nicht ganz, denn der häufigste Grund dafür, dass sie nicht über einen Wechsel oder Veränderung nachdenken, ist der, dass niemand sie anspricht! Jeder im Network-Marketing besitzt Namenslisten, gefüllt mit erfolgreichen Unternehmern, hochinteressanten Charakteren, talentierten Männern und ganz besonderen Frauen. Es wäre ein Traum, sie in seinem Team zu haben, aber, na ja, die kriegt man ja sowieso nicht. So denken die meisten Menschen und deshalb wird auch fast keiner das Team um sich herum haben, das er eigentlich haben will. Die Folge: Kreisklasse anstelle von Champions League.

Diesem Prozess liegt eine tief verwurzelte menschliche Angst zugrunde: die Angst vor Zurückweisung. Man ist so überzeugt davon, dass diese Hochkaräter ohnehin absagen, vielleicht sogar über den bloßen Versuch lachen, sie zu einem beruflichen Umstieg oder dem „Blick über den Tellerrand" zu bewegen. Und so versucht man es erst gar nicht. Stattdessen begnügt man sich zähneknirschend mit denjenigen, die einfach deswegen zusagen, weil ihre Lebenssituation und ihre persönlichen Fähigkeiten nichts anderes zulassen.

Erfolg ist harte Arbeitl

„Ich möchte Spieler, die stets bestrebt sind, sich zu verbessern."

Gordon Strachan
(* 1957, ehemaliger Schottland und Manchester United Spieler;
dann Manager der schottischen Nationalmannschaft)

Im Laufe der Jahre machte ich eine hochinteressante Erfahrung. Es ist leichter, einen von diesen Diamanten zu begeistern, als einen der scheinbar „leichten" Kandidaten. Woher kommt das? Bestimmt ist dir auch schon einmal eine attraktive Frau oder ein umwerfender Mann über den Weg gelaufen, den du unbedingt kennenlernen wolltest. Gingen dir Gedanken durch den Kopf, die diesen ähnlich sind? „Die ist ohnehin vergeben, so hübsch wie sie aussieht.", „Er wird mich auslachen, weil ich es überhaupt versuche.", „Bei diesem Aussehen muss sie arrogant sein. Also bekomme ich ohnehin eine Abfuhr." Na, wiedererkannt?

Es gibt kaum einen Unterschied zu unserer Branche. Nur zu leicht breiten sich Bedenken in unserem Kopf aus, wenn wir an die Person herantreten, die wir wirklich in unserem Team haben wollen. In uns meldet sich die Angst vor einer Zurückweisung. Dabei sehen im beruflichen Kontext die Gedanken sehr ähnlich aus: „Der interessiert sich doch gar nicht für so einen Job, bei dem, was er verdient.", „Als erfolgreiche Unternehmerin gibt die sich doch gar nicht mit so etwas ab.", „Wenn er Interesse daran hätte, wäre er doch schon selbst gekommen." All das sind nur Rechtfertigungen und Ausreden. Wenn man an die High Potentials, die Wollmilchsäue, die goldene Eier legen, herantritt und offen mit ihnen spricht, so werden sie dankbar reagieren. Probier es aus, du wirst positive Überraschungen erleben.

STEPS to SUCCESS

Du bist selber dafür verantwortlich, wie dein Weg aussieht.
Trau dich an die Wollmilchsau, die goldene Eier legt, heran!
Es ist viel leichter, als du denkst!.

Das Vorgehen, das dir dabei helfen wird, dein bestes Team aufzubauen, nennt man „kontraintuitiv". Der Ausdruck bezeichnet das bewusste Handeln gegen innere Ängste. Stell dir vor, in dir sitzt ein kleines Teufelchen (und das sitzt da wirklich). Dieser Plagegeist meldet sich ständig zu Wort, sagt dir Dinge wie: „Das schaffst du nicht.", „Das ging auch beim letzten Mal schief.", „Die/ der gibt dir einen Korb, bevor du sie/ihn überhaupt ein wenig kennengelernt hast.", und so weiter und so fort. Eigentlich ist dieses Teufelchen unser innerer Richter. Stets und ständig beschränkt er uns, hält uns zurück und bestimmt, wo unsere Grenzen zu liegen haben. Dummerweise können wir ihn aber nicht einfach „herausoperieren" lassen. Stattdessen gibt es einen viel einfacheren Weg, sich mit ihm zu arrangieren: Wir machen ihn zu unserem Partner, unserem Helfer.

Eines von zahllosen Beispielen für eine erfolgreiche Umsetzung dieser Art bietet wieder der Fußball: Der Fußballtrainer Ottmar Hitzfeld hatte sich zum Ziel gesetzt, die Champions League zu gewinnen. Das ist ein sehr hochgestecktes Ziel. Er hing sich ein Bild des Pokals, den es beim Triumph im höchsten europäischen Vereinswettbewerb zu gewinnen gibt, in sein Schlafzimmer. Ich weiß nicht, wie seine Frau darauf reagierte, aber Hitzfeld betrachtete es jeden Tag, bevor er zu Bett ging. Wenn er aufwachte, war es eine der ersten Dinge, die er sah. Woche für Woche, Jahr für Jahr. 1997 hatte er es dann wirklich geschafft und gewann mit Borussia Dortmund erstmals die Champions League und wiederholte den Triumph 2001 mit dem FC Bayern München. Er hielt den Pokal, dessen Bild in seinem Schlafzimmer hing, selbst in den Händen. Sein Traum war Realität geworden.

> ### STEPS to SUCCESS
> *Verbünde dich mit deinem inneren Richter. Er wird dir deine Ängste nehmen und die Überzeugung geben, dass du jeden für dein Team begeistern kannst, den du dafür haben willst.*

Zurück zur Mitarbeitergewinnung. Ich stellte im Laufe meiner Jahre fest, dass die Gewinnung neuer Geschäftspartner durch bereits bestehende Partner so gut wie immer eine Stufe unter der des Empfehlungsgebers verlief. In der Praxis bedeutete dies, dass der Unternehmer den Abteilungsleiter empfahl, dieser wiederum die Sekretärin, diese den Schichtarbeiter, der den Gelegenheitsjobber, usw. So wurde das Potenzial jeder Empfehlung geringer.

Mit dem Bewusstsein, dass die Qualität im Laufe der weiteren Empfehlungen kontinuierlich abnahm, ging ich dazu über, die Qualitätsstufe der Empfehlungsgeber zu erhöhen. Ich versuchte, mich von vornherein auf Top-Leute zu konzentrierten. Auch deren Empfehlungen folgten dem beschriebenen Prinzip und setzten oft eine Stufe tiefer an. Aber dort fand ich genau die hochtalentierten und erfolgshungrigen Personen, die ich suchte. Es war die Liebe zu meiner Tätigkeit, meine Überzeugung, dass das, was ich tat, das Beste ist, was ich mir überhaupt vorstellen konnte. Es waren meine Ehrlichkeit und meine Offenheit, die dazu führten, dass ich viele dieser Top-Leute inzwischen meine Partner nennen kann. Und sie sind glücklich, dass sie diesen Schritt gegangen sind. Im Übrigen habe ich mir bei der Auswahl dieser Top-Leute rückblickend selbst den größten Gefallen getan, denn die Arbeit mit ihnen, die Weiterentwicklung ihrer Potenziale, gestaltet sich einfach charmanter.

Sprich also deine Top-Kandidaten an, wenn du sie in deinem Team haben willst! Das hat nicht nur den Vorteil, dass du ein hervorragendes und funktionierendes Arbeitsumfeld für dich schaffst, sondern auch (und hier kommen wir zurück zu dem kontraintuitiven Handeln) dass du dich weniger der Gefahr einer Zurückweisung aussetzt. Die Top-Kandidaten werden dich nicht auslachen, denn sie haben viel mit dir gemeinsam. Ihnen ist bewusst, welch intensive Zeit man durchlebt, wenn man etwas Neues beginnt. Sie wissen deinen Willen und dein Durchhaltevermögen zu schätzen und sie würdigen es, dass du sie ansprichst. Dein Mut wird sich auszahlen, auch wenn es einmal nicht funktioniert. Manchmal eröffnen sich während dieser Gespräche Möglichkeiten, von denen man nicht einmal geahnt hat, dass sie existieren.

Wenn du dich an deine „Traumkandidaten" heranwagst, steigt auch die Wahrscheinlichkeit, dass deine Karriere im Network viel besser in Schwung kommt. Menschen, die mehr Kontakte, ein besseres Standing und bessere finanzielle Möglichkeiten haben als du selbst, bringen dir von Beginn an höhere Umsätze und wiederum interessantere Partner. Sie tätigen oder vermitteln mehr Käufe, haben höhere Pro/Kopf-Umsätze, sprechen wertvolle Empfehlungen aus und bringen dir viel mehr Partner in dein Business, als es jeder andere vermag. Der positive Effekt für dich selbst ist, du kommst in andere Kreise, entwickelst dich schneller und lernst selber viel dazu. Du gewinnst an Sicherheit, bekommst Tipps und Kontakte. Zudem sind deren Empfehlungen meist einträglicher als die der vermeintlich „einfachen" Kandidaten. Bleibt die Frage, wie du deine Topleute überhaupt identifizierst. Ganz einfach, du hast sie bereits vor dir liegen. Nimm dir deine Kontakt- und Namensliste, die du zu Beginn deiner Tätigkeit vielleicht sogar gemeinsam mit deinem Sponsor angefertigt hast. Sortiere diese nach deiner persönlichen Einschätzung. Wer ist rhetorisch begabt? Wer ist Meinungsbilder? Wem vertrauen die Menschen am meisten? Wessen Wort hat „Gewicht"? Wer hat ein gutes Feeling im Umgang mit anderen Menschen? Wer ist schon Führungskraft oder hat Leadershipqualitäten? Sortiere die Namen nach deiner persönlichen Einschätzung. Jetzt kannst du eine Top 20-Auswahl erstellen, die auf den Potenzialen aufbaut, die du identifiziert hast.

Sprich die Top Zwanzig-Personen an
und versuche sie zu Partnern zu machen.
Sie werden sich über dein Interesse freuen
und sie fühlen sich geschmeichelt.
Glaube mir, sie werden dein Team noch besser machen,
als es ohnehin schon ist.

In der Praxis kommt es natürlich auch vor, dass man es mit Menschen zu tun hat, die man letztendlich falsch eingeschätzt hat, deren Potenziale, Ideale und Überzeugungen man anders bewertet hat. Dass deren Mindset nicht stimmt, sie kein Netzwerk besitzen oder dieses nicht aufbauen können. Wenn ich die Befürchtung hatte, eine solche Person in meinem Team zu haben, versuchte ich, ihn oder sie durch persönliche Coachings so weit zu fördern, dass sich die Leistung verbesserte. Leider gelang das nicht immer. Ab diesem Punkt konzentrierte ich mich darauf, meine Energie mehr in diejenigen Partner zu investieren, die dafür kämpften, mehr zu erreichen und weiter gefördert zu werden, oder widmete mich meinem Job als „Talentscout", um wiederum neue Menschen für unsere Branche zu begeistern.

Denke immer daran, im Network-Marketing geht es nicht darum, allen zu verkaufen, was du hast, oder für den Weg zu „bekehren", den du gehst, sondern Menschen zu finden, die grundsätzlich an dasselbe glauben, an was auch du glaubst. That's the game!

Ich sehe es als meinen Treibstoff an, andere Menschen zu Partnern zu machen, zu entwickeln, sie auf ihrem Weg zu unterstützen und voranzubringen. Wenn ich dabei auf das falsche Pferd gesetzt hatte, so war dies Teil meines persönlichen Lernprozesses. Manche Menschen, die zu Beginn der Partnerschaft noch voller Begeisterung steckten, verloren ihren Enthusiasmus schnell und ich spürte, dass ich nur Partnern helfen konnte, die sich helfen lassen wollten. Inzwischen halte ich mich an eine Weisheit der Dakota-Indianer: „Wenn du entdeckst, dass du ein totes Pferd reitest, dann steig ab".

Das Dream-Team mit dem knurrenden Magen

Mein Team. Das beste Team der Welt! Für mich auf jeden Fall. Manchmal denke ich darüber nach, was es eigentlich so außergewöhnlich macht. Begeisterung? Loyalität? Professionalität? Talent? Es ist von allem ein bisschen, jeder meiner Partner vereint diese Eigenschaften in sich. Mal mehr, mal weniger ausgeprägt. Aber es gibt eins, was sie alle in gleichem Maße haben und weshalb ich jeden einzelnen von ihnen an Bord haben wollte: Hunger!

Ich nehme diejenigen Menschen als Partner, die Hunger haben. Hunger auf Herausforderungen, Hunger auf Neues, Hunger auf Erfolg. Es geht mir nicht darum, dass ich zum Sponsor von Menschen werde, die vom Gewicht ihres im Überfluss vorhandenen Potenzials kaum noch laufen können. Ich will diejenigen, die Hunger haben.

Es gibt noch eine weitere Eigenschaft beziehungsweise Personengruppe, die dir im Network-Marketing hilft, erfolgreich zu sein. Es sind die Meinungsbildner, die Influencer. Im klassischen Sinne versteht man unter diesen Influencern Personen, deren Meinungen und Werte von anderen akzeptiert, übernommen und weitergegeben werden. Man trifft sie überall, in der Politik, im Sport, in sozialen Netzwerken und Blogs, in privaten Gesprächsrunden. Man hört ihnen zu. Wenn man ihre Meinung teilt, dann übernimmt man diese und gibt sie selbst weiter. Influencer bilden Vertrauen und bauen sich eine Personengruppe auf, die ihnen folgt. Sie verbreiten ihre Botschaften überall dort, wo sie die Öffentlichkeit finden, die ihnen glaubt, vertraut und folgt. Diese Follower konsumieren Beiträge oder Stellungnahmen zu allen erdenklichen Themen wie Gesellschaft, Politik, Sport oder Mode. In den letzten Jahren ist die Zahl der Influencer in allen Bereichen enorm gewachsen. Sie sind die Gallionsfiguren in jeder einzelnen Community. in jedem Bereich einer Gesellschaft.

Stell dir einmal vor, du willst ein Team aufbauen. Eines, was dich zum Erfolg führen wird. Dann stehst du unweigerlich vor der Frage: Wo genau soll ich suchen? In diesem Moment hilft es, wenn du kurz die Augen schließt und an deine Kinderzeit zurückdenkst. Erinnerst du dich, wie damals die Mannschaften auf dem Bolzplatz ausgewählt wurden? Ihr habt bestimmt die international anerkannte Methode des „Tip-Top" gewählt. Zwei Spieler bewegen sich aufeinander zu, indem sie abwechselnd einen Fuß direkt vor die Zehenspitze des anderen setzen. Wessen Fuß am Ende über dem des anderen war, der hatte die Wahl gewonnen. Wen hast du zuerst gewählt? Den schlechtesten Spieler, der in der Menge stand? Den miesesten Torwart, der schon immer Angst vor dem Ball hatte? Nein, du hast entweder den Besten gewählt, der dort stand, oder deinen besten Freund. Und im Business ist es keinen Deut anders. Du willst den Besten! Denjenigen, der dir hilft, das Match zu gewinnen.

STEPS to SUCCESS
Suche diejenigen, die Hunger auf Erfolg haben!
Suche die Meinungsbildner! Du wirst sie finden, wenn du
mit offenen Augen durch die Welt gehst..

Jetzt stehst du also in der Welt der Erwachsenen und der Bolz-platz ist weit entfernt. Wie findest du denjenigen, der seine und deine Meinung verbreiten soll? Ganz einfach. Du musst lediglich beobachten. Befindest du dich in einer Sporthalle und siehst dir die Mannschaft an, die dort trainiert. Wer ist derjenige, dem sie alle folgen? Der Torwart? Der Spielführer? Nein, es ist der Trainer. Er ist dein Mann. Sitzt du in einem Meeting und jeder versucht, mit seinen Beiträgen einen Pluspunkt beim Chef zu sammeln, dann blick dich um. Wähle denjenigen, der präsentiert. Er bestimmt den Ablauf und die Meinungen. Sitzt du in der Kirche, schweife für einen Moment mit den Gedanken ab und frag dich, wer unter die-sen Menschen der Meinungsbildner ist. Richtig, es ist der Pastor. Stehst du in einem Park und beobachtest die Passanten, dann achte auf denjenigen, dem in einer Gruppe alle zuhören. Demjenigen, den die anderen aussprechen lassen, weil sie wissen wollen, was er zu sagen hat. Er ist der Influencer. Er ist einer, der dein Team nach vorne bringen kann. Wenn er hungrig nach Erfolg ist, dann wird er seine persönliche Öffentlichkeit finden und beeinflussen.

Ob nun in sozialen Netzwerken oder bei Veranstaltungen, Influ-encer beherrschen es, ihre Kernthemen mit größtmöglicher Reich-weite zu verbreiten. Und dies ist gerade beim Network-Marketing ein Garant für Erfolg. Baue ein Siegerteam um dich herum auf. Hungrige Partner, die wissen, wie sie das, wofür sie stehen und an was sie glauben, ihrer Öffentlichkeit präsentieren können. Es wird deinen Weg zum Erfolg unendlich viel leichter machen.

Think global, work local

Es ist dein Team, was dich erfolgreich macht. Und es sind all die Dinge, mit denen du vorangehst. Die Summe deiner Erfahrungen, deine Werte und die Einstellung, die du zu deiner Tätigkeit hast. Im Network-Marketing hörst du dabei hin und wieder einige Leitsätze, denen du mehr oder weniger Beachtung schenkst. „Think global, work local" ist so einer davon. Um ehrlich zu sein, gehört er nicht gerade zu den Slogans, die ich gleich vom ersten Tag an in mein Portfolio aufgenommen oder sogar als Maxime für meine Tätigkeit übernommen habe. Wie so oft, machte ich meine eigenen Erfahrungen zu diesem Thema, bevor ich wirklich verstand, was dahintersteckte.

Meine berufliche Laufbahn hatte sich bis dahin in den von mir gewünschten Bahnen bewegt. Ich hatte ein phantastisches Team um mich herum, mein Netzwerk hatte mehr als eine nur beachtliche Größe erreicht, ich war frisch gebackener Sapphire-Manager. Gut ein Jahrzehnt, nachdem ich im Network-Marketing begonnen hatte, war ich auf der dritthöchsten Bonusstufe angelangt, verdiente sechsstellig und war nicht mehr weit von der Top-Position, dem Diamond Manager, entfernt. Also war es nur logisch, dass nun mehr folgen sollte: Internationalität und Expansion.

Und so kam meinem Sponsor, einem meiner Businesspartner und mir die Idee, Teams in einem weiteren Land aufzubauen. Wir hatten recherchiert, dass die an die Slowakei grenzenden Nationen ein sehr starkes geschäftliches Wachstum aufwiesen. Das stellte für uns ein untrügliches Zeichen dar, dass auch in der Slowakei selbst ein lohnendes Business auf uns warten würde und so beschlossen wir, genau hier hin zu expandieren. Und so bereiteten wir uns vor, legten den Zeitraum für unsere erste Reise dorthin fest, buchten das Hotel und ließen Flyer in der Landessprache drucken. Dann ging die Reise los. Die Reise, die uns viel brachte. Viel Erfahrung, wie man es nicht machen sollte.

Nahe der Grenze bezogen wir ein Hotel, von dem aus wir unsere Expansionsaktivitäten zur Erschließung des neuen Marktes starten wollten. Von dort aus fuhren wir jeden Tag nach Bratislava und verteilten die Flyer unter der Bevölkerung. Natürlich war es hierbei kaum möglich, eingehende Gespräche mit Interessenten zu führen, denn die Deutsch- und Englischkenntnisse der Fußgänger waren sehr eingeschränkt, unser Slowakisch war nicht einmal vorhanden. Aber unser Enthusiasmus und die Flyer schienen den Passanten zu gefallen, wurde doch hier darüber informiert, dass eine US-amerikanische Wellnesscompany mit „Schweizer Firmenführung" neu in der Slowakei expandiert. Als dann der Tag gekommen war, an dem wir unsere Geschäftspräsentation angesetzt hatten, erschienen beinahe 40 interessierte Personen in dem angemieteten Meetingraum. Unser Plan schien aufzugehen und die Bürger Bratislavas interessierte augenscheinlich unser Angebot. Wir fühlten uns gut und waren überzeugt, dass wir problemlos auch die nächste Hürde nehmen würden.

Damit eine Verständigung möglich war, hatten wir eine Simultanübersetzerin engagiert. Und so nahm das Seminar seinen Lauf. Wir präsentierten routiniert und waren auch sicher, dass unsere Begeisterung für die Produkte auch auf die Zuhörer überspringen würde. Als die Veranstaltung dann zu Ende war, folgte die Enttäuschung. Lediglich eine einzige Person entschied sich dazu, unsere Wellnessprodukte zu nutzen und machte eine Order. Eine Geschäftspartnerschaft, geschweige denn Karriere, interessierte niemanden. Eine bittere Enttäuschung. Was hatten wir falsch gemacht, dass wir einmal mehr viel Zeit, Energie und Geld investiert hatten, um am Ende fast nichts dafür erhalten zu haben?

Es lag nahe, dass ein Teil dieses Misserfolgs auf die Übersetzerin zurückzuführen war. Nicht, dass sie ihr Handwerk nicht verstand, aber es ist natürlich sehr schwer, einem Menschen das Wesen des Network-Marketings näherzubringen, wenn dieser mit dieser Branche rein gar nichts zu tun hat. Hierbei auch noch zu überzeugen, ist doppelt schwierig. Daran hätten wir denken sollen, bevor wir unseren scheinbar so ausgeklügelten Plan entworfen hatten. Außerdem hatten wir wieder besseren Wissens nicht bedacht, dass die Empfehlung eines geeigneten oder interessierten Menschen durch einen bestehenden Partner viel mehr „gewogen hätte", als das Verteilen Dutzender ziemlich unpersönlicher Flyer. Network-Marketing ist und bleibt nun mal ein Geschäft von Mensch zu Mensch und es besteht ein riesengroßer Unterschied darin, ob jemand aus der puren Begeisterung heraus von einem überzeugten Bekannten gewonnen wird oder durch eine schnöde Flyeraktion zum Mitmachen bewegt werden soll. Wie sollte ein Flyer unseren „Way of Life" jemals kommunizieren? Das geht gar nicht, das funktioniert nur durch das gelebte Vorbild und durch echte Testimonials von Personen, deren Wort für die „Angesprochenen" oder auch Interessenten zählt. Da wir damals noch keinen Bezug zu den Menschen in der Slowakei hatten, hatte auch unser Angebot wenig Wert, denn wir unterschieden uns nicht wirklich von allen anderen „Flyerverteilern", die in der Fußgängerzone von Bratislava für irgendetwas warben.

Jede Aktion, die ich anschließend zur Integration in einen neuen Markt plante, wurde viel intensiver durchdacht als damals in der Slowakei. Und natürlich versuchte ich, einen Fehler nicht zum zweiten Mal zu begehen. Unwillkürlich muss ich in diesen Momenten an Albert Einstein denken, der einmal sagte: „Die Definition von Wahnsinn ist, immer wieder das Gleiche zu tun und andere Ergebnisse zu erwarten." Ich änderte mein Vorgehen vollständig. Plante ich, in einem Land zu expandieren, so schaltete ich im Vorhinein Inserate in der entsprechenden Region. Diese Inserate waren auf Deutsch. Dies hatte zur Folge, dass sich bereits im Vorfeld Interessenten melden konnten, die die Sprache verstanden. Dies gab mir wiederum die Möglichkeit, die ersten Kandidaten bereits selektieren zu können, ohne je einen Fuß in das entsprechende Land gesetzt zu haben.

STEPS to SUCCESS

Schon Einstein wusste, dass etwas geändert werden muss, wenn es nicht funktioniert. Also lerne aus deinen negativen Erfahrungen und verwandle sie in Ratgeber für die Zukunft!.

Die eigentliche Veränderung fand aber im grundsätzlichen Vorgehen statt. Ich plante den Aufbau ab diesem Zeitpunkt immer über Kontakte in der Schweiz und Menschen, die bereits Kunden, Partner oder Unterstützer meiner Organisation waren. Menschen, die in dem entsprechenden Land geboren waren, oder zumindest die Sprache sprachen und jetzt in der Schweiz lebten. Diese konnten mich besser unterstützen als jeder andere. Und sie verfügten auch über weitere Kontakte in dem Zielland der Expansion. Dies erwies sich als extrem hilfreich.

Erinnern wir uns noch einmal, was in diesem Buch bereits zum Thema Netzwerke und deren Funktionsweise gesagt wurde. Networking bedeutet „Leute kennen Leute kennen Leute kennen Leute". In der Praxis ist es immer wieder spannend festzustellen, wie perfekt dies funktioniert und wie du die Menschen oder den Personenkreis über dein Netzwerk findest, den du gerade benötigst. Du musst nur danach suchen oder fragen. Im Prinzip expandiere ich heute beinahe ausschließlich aus der Schweiz heraus. Ich muss meine Heimat nicht verlassen, um den Markt in einem anderen Land aufzuziehen. Das meiste läuft über meine Kontakte und deren Kontakte. Das entsprechende Land besucht habe ich dann erst zu einem viel späteren Zeitpunkt.

Blicke ich heute auf die erste Erfahrung zurück, die ich bei der Öffnung eines neuen Marktes gemacht habe, so denke ich mir, dass das Schicksal es gut mit mir gemeint hat. Ich habe wieder vieles gelernt und dafür verhältnismäßig wenig Lehrgeld zahlen müssen. Daraufhin haben alle späteren Expansionen, die ich durchführte, reibungslos funktioniert. Ich konnte jetzt alles, oder zumindest vieles, richtig machen. Darüber hinaus habe ich im Laufe der darauffolgenden Jahre noch eine andere Erfahrung gemacht: Aus deinem Heimatland und unter Einbezug deines Netzwerkes eine Expansion zu betreiben, lohnt sich mehr, ist einfacher und macht viel mehr Spaß. Was will man mehr?

> ### STEPS to SUCCESS
> *„Think global, work local"* ist der smarteste Weg,
> *international zu expandieren,*
> *ohne die heimischen Gefilde verlassen zu müssen.*

Die Internationalität eines Schweizers

Expansion, globale Ausrichtung, Märkte in anderen Ländern - das sind Schlagworte, die man überall hört, in den Nachrichten, in der Politik und in der Wirtschaft. Nur selten wird hierbei jedoch von der Schweiz gesprochen. Ich aber bin Schweizer. Voll und ganz, mit Leib und Seele. Ich wurde in der Schweiz geboren, wuchs inmitten einer wunderschönen Landschaft nahe dem Zürichsee auf, mit Blick auf die umliegenden Berge, ich atme Schweizer Luft und spreche Schwyzerdütsch. Kann man unter diesen Voraussetzungen wirklich international erfolgreich sein, mag sich da so mancher fragen. Die Antwort darauf ist einfach: Ja, ich bin ein Beispiel dafür. Warum? Gerade, weil ich Schweizer bin! Vielleicht wird dich diese Aussage verwundern, aber ich will es an dieser Stelle erklären.

Das Land, in dem ich lebe, wird oft mit verniedlichenden Attributen belegt. Klein, gemütlich, neutral - mag dies auch alles zutreffen, so gibt es aber auch die andere Seite, die die Schweiz zu etwas ganz Besonderem macht. Davon abgesehen, dass selbst unser Fußball-Nationalteam inzwischen zur europäischen Spitze aufschließt und unsere Spieler zu einem beliebten Exportartikel für europäische Spitzenvereine geworden sind, zeichnet sich die Schweiz auch dadurch aus, dass sie für deutsche Bürger das begehrteste Auswanderungsland ist. Überrascht? Nicht, wenn du die Schweiz schon einmal besucht hast. Es ist aber nicht nur die wunderschöne Landschaft gepaart mit der zuweilen etwas speziellen Freundlichkeit meiner Landsleute, die die Schweiz so besonders macht. Das Land, in dem ich lebe und aus dem heraus ich agiere, bietet stabile politische und finanzielle Rahmenbedingungen kombiniert mit höchstem Lebensstandard. So lässt es sich arbeiten. Auch als Wirtschaftsstandort belegt die Schweiz seit mehreren Jahren weltweit den ersten Platz weit vor den USA, China und allen mitteleuropäischen Ländern. Die Schweiz ist das wettbewerbsfähigste Land der Welt und bietet die besten Voraussetzungen für sehr erfolgreiche Geschäfte. Was ist es nun genau, was wir Schweizer vielleicht ein wenig besser können als andere? Neben unseren gut funktionierenden Finanz- und Arbeitsmärkten ist es vor allem unsere Innovationskraft. Ja, das stimmt wirklich. In der Schweiz wird viel getüftelt, geforscht, entwickelt, ausprobiert, verbessert und auch erfunden. Wir sind offen für Neues, auch wenn der Schweiz-Besucher diesen Eindruck nicht sofort erhält. Der zweite Blick ist hierbei das, was zählt!

**Wusstest du übrigens, wo der Engländer Tim Berners-Lee das Internet erfunden hat?
In der beschaulichen, aber dennoch so innovativen Schweiz.**

Ich bin Schweizer. Und ich stehe für Schweizer Tugenden auch und gerade im Network-Marketing. Das nutze ich inzwischen sehr bewusst, denn ich wuchs mit diesen Tugenden auf: Verlässlichkeit, Freundlichkeit, Loyalität, Innovationskraft und vor allem Qualitätsbewusstsein. Das Schweizer Kreuz auf unseren Artikeln steht im In- und Ausland für hohe Wertigkeit, gute Verarbeitung und beispiellose Qualität. Ich trage dieses Kreuz im Herzen, dafür stehe ich und darauf kann sich jeder verlassen, mit dem ich geschäftlich zusammenarbeite.

Ethik und Ehrlichkeit - ein erfolgreiches Gespann

Wenn wir gerade dabei sind, vom Herzen zu sprechen, ist es an der Zeit, einen Blick auf die Werte zu werfen, die uns im Business wichtig sein sollten. Stellst du dir hin und wieder Fragen über die Prinzipien, für die du stehen willst? Ich tue das häufig, mache mir Gedanken darüber, ob ich alles so tue, wie ich es wirklich für richtig halte. Dabei merke ich immer wieder, dass es einer meiner wesentlichsten Grundsätze ist, ethisch zu handeln. Aber was heißt das? Für mich ist Ethik wie ein innerer Kompass, der mir zeigt, wo Richtig und Falsch liegen. Natürlich gibt es dazwischen unendlich viele Grautöne.

Oft werden Wirtschaft und Ethik als Gegensätze dargestellt. Das ist jedoch falsch, denn gerade ein fairer, anständiger und respektvoller Umgang mit anderen schafft ein Miteinander, das motiviert, Spaß macht und erfolgreich ist. Dies bezieht sich im beruflichen Bereich auf den Umgang mit Mitbewerbern, Kunden und vor allem Mitarbeitern. Auch dir sollte es wichtig sein, ethisch zu handeln. Du musst immer wieder hinterfragen, ob deine Einschätzung richtig ist, oder sich zumindest so weit wie möglich in die richtige, in die ethische Richtung bewegt.

Willst du diese Grundsätze in konkretes Handeln umsetzen, dann sind dies deine Regieanweisungen:

Sag nichts, was deiner Meinung nach nicht stimmt.
Sag nichts, wovon du nicht überzeugt bist.
Sag nichts, was du nicht selber verstehst.

Hand in Hand mit der Ethik geht die Ehrlichkeit. Ohne vermessen zu wirken, aber mit meinem Familiennamen verbinde ich zuweilen die Verpflichtung zu einer modernen Art der Ritterlichkeit. Die beinhaltet für mich eine vorbildliche Haltung, zu der insbesondere die Ehrlichkeit zählt. Im Business magst du ohne diese eine Zeitlang vorankommen. Auf Dauer wirst du aber scheitern. Für mich waren kurzfristige Erfolge niemals das Ziel. Ich wollte immer etwas aufbauen, das nachhaltig ist und von dem meine Kinder noch profitieren können. Etwas, was „ehrlich" ist.

Vielleicht fragst du dich jetzt, wie du das umsetzen kannst. Das ist nicht schwer:

Sei ehrlich zu dir selber.
Sei ehrlich zu anderen.
Sei ein Ritter.

Mit Ethik und Ehrlichkeit läufst du sicher auf deinem Weg zum Erfolg. Nicht immer geradlinig. Es gibt Kurven, Seitenstraßen, Umwege, Abkürzungen, Sackgassen. Die gehören dazu, sind

Teil deines persönlichen Wegenetzes. Aber sie sind unerlässlich. Ich kann mich noch recht gut an den Geschichtsunterricht in der Schule erinnern, an Hannibal, den karthagischen Feldherrn und Alpenüberquerer. Der hatte seine eigenen Vorstellungen. „Entweder man findet einen Weg, oder man schafft einen Weg", war er überzeugt. Das hört sich erst einmal brachial an, hat aber einen wahren Kern.

Im Network-Marketing beschreitest du anfänglich Wege, die für jeden gleich sind. In dieser Zeit entwickelst du deine Persönlichkeit, deine Identität, deinen Stil und deine Strategie. Du baust dich und das, was du tust, zu einer eigenen Marke auf. Ab diesem Punkt bestimmt Deine Individualität, wie es weitergeht. Hier setzt du dem Business deinen persönlichen Stempel auf und schaffst deinen eigenen Weg. Es ist ein aufregender Moment, in dem du beginnst, deine eigene Landkarte zu zeichnen.

Network-Marketing bietet nicht nur die Möglichkeit, finanziell frei zu werden, sondern auch zeitlich und geographisch.

Dein Weg zum Erfolg

Wie viele Stunden hast du bis jetzt in meinem Buch gelesen, bist in meine Welt eingestiegen? Vier, fünf Stunden? Erstmal, das finde ich klasse. Denn wenn du jetzt, auf dieser Seite, noch bei mir bist, dann weiß ich, dass es richtig war, dieses Buch zu schreiben. Und, fast noch wichtiger, durch dich als Leser habe ich einen neuen Verbündeten gefunden. Denn dich bewegen dieselben Ziele wie mich: groß zu werden, das Unmögliche möglich zu machen und das Beste aus deinem Leben zu machen.

Es kommt mir vor, als hätte ich beim Schreiben schon vor Augen gehabt, dass du mit mir auf dem Spielfeld stehst. Vielleicht wartest du auf den nächsten Spielzug von mir, vielleicht habe ich da auch schon auf eine Vorlage von dir gewartet. Soviel ist, glaube ich, jetzt schon klar, auch wenn wir uns (noch) nicht persönlich kennen. Du willst spielen. Nicht mein Spiel, sondern deins. Aber du bist schlau genug, von anderen zu lernen, von mir, von meinem Spiel. Du hast den Jungen aus einem kleinen Schweizer Dorf kennengelernt, den begeisterten Fußballer, den angehenden Profi, den jungen Mann, der mit knapp 19 Jahren seine Karriere im Network-Marketing begonnen hat, ohne dass er wusste, was das überhaupt ist.

Du hast meine Karriere verfolgt, meinen Weg an die Spitze.
Du hast mir bis hierher zugehört.
Höre mir noch ein bisschen weiter zu.

Für deinen Erfolg.

Du könntest sagen, mit dem Wissen, was ich bisher von Phil abkupfern konnte, mache ich jetzt ein Restaurant oder eine Bar auf. Das ist gerade angesagt. Aber ist das wirklich dein Traum, nur weil andere gerade darauf abfahren? Ich behaupte: Nein, das ist er nicht. Willst du in der heutigen Zeit 30.000 Euro Startkapital oder mehr aufnehmen? Der Sklave deines eigenen Geschäfts sein? Dich in ein solches Risiko stürzen? Oder geht es einfacher, mit weniger Risiko und größeren Erfolgsaussichten? Viele denken erst gar nicht darüber nach, doch es lohnt sich!

Wenn du dich umsiehst, dann wirst du viele Menschen sehen, die nicht alle Möglichkeiten für ihr zukünftiges Leben ausgelotet haben. Du wirst Menschen treffen, die dir sagen: „Wenn ich 65 bin, dann will ich mein Leben genießen." Wenn das so ist, sollten sie sich dann nicht fragen, ob sie bis dahin wirklich an fünf Tagen in der Woche von 9 bis 17 Uhr zur Arbeit gehen wollen? Ist es wirklich ihre Vorstellung, sich am Wochenende von den anstrengenden, letzten Tagen auszuruhen, bevor die kommende Arbeitswoche wieder den gleichen Trott bringt? Ist das wirklich ihr Traum? Es fällt mir schwer, das zu glauben. Schau dir die aufopfernde Mutter mit ihren zwei Kindern an, die alles für die Familie tut und allen stets und ständig zur Verfügung steht. Sie opfert sich für ihre Familie auf, hat ihre eigenen Karriereträume zum Wohle der Liebsten vergraben. Sie ist auf ihren Lebenspartner angewiesen, um finanziell über die Runden zu kommen. Lebt sie ihren Traum oder besteht nicht auch für sie die Möglichkeit, dass sie sich selbst etwas aufbaut, das sie stolz macht und das ihr Spaß und Abwechslung bringt? Oder wie ist es mit dem Studenten, dessen Studium allein vom Bafög oder dem Wohlwollen seiner Eltern abhängig ist?

Kann er nicht viel freier und entspannter leben, wenn er sich selbst finanziert? Kann er sich nicht mehr leisten, wenn er selbst einen charmanten Nebenverdienst aufgebaut hat? Ich kenne viele, die im Network-Marketing begonnen haben, als sie noch studierten. Es war jedes Mal beeindruckend, ihrem wachsenden Erfolg und ihrer positiven Persönlichkeitsentwicklung zusehen zu können.

Dies waren nur wenige Beispiele von unzähligen. Dies soll dir zeigen, wie wichtig es auch für dich ist, in Ruhe zu überlegen, was du wirklich willst. Denn ich glaube, dass du und ich einen anderen Traum haben. Wir wollen finanziell frei werden und Zeit haben. Zeit für die schönen Dinge im Leben.
Ich spreche das ganz frei aus.

Geld stinkt nicht und freie Zeit ist das neue Statussymbol unserer modernen Gesellschaft.

Schau dich besser im Network-Marketing um: Du brauchst wenig oder gar kein Startkapital, du hast sehr gute Einkommensperspektiven und ungeahnte unternehmerische Möglichkeiten. Aber das tust du ja bereits als mein Mit-Spieler. Du willst es, du packst es an, das ist der Schlüssel zum Erfolg. Bist du ein Couchpotato? Nein. Oder vielleicht doch? Dann ändere das und zwar jetzt. Steh auf, verlasse deine Komfortzone. Dort, im Unbekannten und Neuen, liegt deine Zukunft, die dich aus deiner bisherigen Welt katapultiert, in der du für die Visionen deines Chefs, deiner Firma gearbeitet hast, in der du für andere gearbeitet hast mit dem Wissen, dass du nicht einmal nach 40, 50 Jahren im Job eine finanzielle

Freiheit hast, die dir erlaubt, endlich deine Träume zu verwirklichen. Viel eher wirst du dich mit weit weniger Geld begnügen und zusehen müssen, wie jeder noch so kleine Traum zerplatzt.

Wenn du jetzt in dein Leben einsteigst, es zu deinem Spiel und deinem Traum machst, verspreche ich dir eines: Du wirst der Mensch sein, der du immer sein wolltest. Du wirst das Leben führen, das du dir erträumt hast. Du wirst so glücklich sein, wie du es immer wolltest. Ich würde lügen, wenn ich behaupten würde, dieser Weg ist einfach. Nein, das ist er nicht. Aber, und das vergiss bitte nicht, er liegt vor dir, wartet darauf, dass du ihn gehst. Du darfst nicht warten, der einzig richtige Moment loszulegen, ist jetzt. Willst du heute und jeden folgenden Abend ins Bett gehen mit dem Wissen, dass es wieder ein Tag war, an dem du nicht gemacht hast, was du willst? Den du wieder vergeudet hast? Oder willst du sagen, dass du ein weiteres Stück deines Weges geschafft hast? Ich glaube, du weißt die Antwort längst.

Ich habe am Anfang meiner Karriere alles aufgesogen, was mir an Neuem begegnet ist - und ich tue es immer noch. Wenn andere am Wochenende feiern gegangen sind, habe ich ein Seminar besucht, habe mir die Leute gesucht und ihnen zugehört, die bereits Erfolg hatten, habe sie ausgefragt. Ich bin nach und nach gewachsen, habe Stück für Stück dadurch auch meine Persönlichkeit entwickelt und ich habe immer versucht, ein wenig besser zu sein als die anderen. Natürlich hatte ich dabei auch immer mit Ängsten zu kämpfen, habe mich gefragt, ob ich das schaffe. Solange es keine lebensbedrohlichen Dinge sind, kannst du dich deinen Ängsten stellen. Was kann passieren? Vielleicht klappt etwas nicht. Na und?

Versuch es noch einmal. Ich verspreche dir, es wird besser. Beim Mal darauf noch besser. Damit verschwindet nach und nach die Angst. Du hattest sie, weil es um etwas Unbekanntes ging. Du hast dich dem Problem gestellt, es angepackt und auf einmal ist es nicht mehr Furcht einflößend. Es ist fast schon normal geworden, etwa die erste Rede vor einem Publikum. Anfangs fürchtest du dich, doch nach dem zehnten Auftritt nennst du es Routine. Die Angst hat den Saal schon längst verlassen. Du hast jetzt keine Furcht mehr, der Plan für dein selbstbestimmtes Leben abseits der klassischen Wege steht und der innere Schweinehund liegt an der Leine. Jetzt kommt die 180-Grad-Wende und zwar auf der Stelle! Stopp, kurze Pause und durchatmen. Denn, versteh mich nicht falsch, seinen Weg mit seiner eigenen Karriere zu gehen, bedeutet nicht, sofort den Löffel fallen zu lassen, den bisherigen Job zu kündigen und sich ohne Netz und doppelten Boden in die Selbständigkeit zu stürzen. Beginne dir dein neues Leben erst einmal nebenbei aufzubauen. Erst wenn du das Gleiche, oder besser noch das Doppelte in deinem „Nebenjob" verdienst, quittiere dein altes Leben komplett, wenn du es willst. Dann hast du eine Sicherheit, weißt, dass es funktioniert. In der heutigen Zeit merken Menschen sehr schnell, ob man hinter einer Sache steht. Wenn das auch bei dir der Fall ist, du für deine Aufgabe und deine Produkte brennst, kann dich niemand aufhalten. Strahle positive Energie aus, zeige, dass du überzeugt und sicher in dem bist, was du tust. Dann wirst du Kunden finden, die dich über einen sehr langen Zeitraum begleiten werden.

Sagen wir mal, du hast bisher 3.000 Euro im Monat verdient. Wenn du die zum ersten Mal über deine Selbständigkeit reingespielt hast, kannst du dir vielleicht nicht vorstellen, dass es irgendwann auch einmal 100.000 Euro sein können. Aber du kannst dir jetzt den nächsten Finanzschritt auf 3.500 Euro vorstellen. Dann auf 4.000 und so weiter und so fort, bis du bei den magischen 100.000 angekommen bist.

Und dann?
Ich nehme an, du ahnst es schon:

Es geht noch viel weiter nach oben.

Finanzielle Unabhängigkeit macht das Leben frei. Du kannst deine Träume leben, bist nicht mehr nur auf der Welt, um deine Rechnungen zahlen zu müssen. Und du kannst anderen helfen. Jetzt denkst du vielleicht, stopp, warum sollte ich das tun? Kannst du dich an dein letztes Weihnachtsfest erinnern? Worüber hast du dich mehr gefreut, etwas geschenkt zu bekommen oder den Glanz in den Augen derjenigen zu sehen, die du beschenkt hast? Mir gibt das Schenken ein unglaubliches Glücksgefühl. Du verschenkst weder unterm Weihnachtsbaum noch im Geschäftsleben dein Geld. Du verschenkst Träume und Zukunft. Ein Lächeln, ein einfaches Dankeschön wird zu der schönsten Belohnung. Schließlich bist du ja schon, wo andere noch hinwollen, an der Spitze. Natürlich gibt es immer jemanden, der reicher ist als du. Aber das bestimmt nicht dein Glück. Neid, Missgunst, Hass, das brauchst du nicht. Es macht nichts besser, im Gegenteil, es bringt noch mehr schlechte Energie - und diese hast du ja schon längst aus deinem Leben verbannt. Wenn du dir ein Umfeld aus positiver Energie aufgebaut hast, aus Menschen, die so denken wie du, dann ist genug Platz für dein Leben, für meines, für das der anderen.

Sollten dir auf deinem Weg Zweifel kommen - schließlich wurdest du anfangs belächelt, wurde dir der Ausstieg aus dem klassischen Berufsleben nicht zugetraut, musstest du viele Hürden überwinden -, steh einfach einmal früh auf und begib dich in den Berufsverkehr. Setz dich, so wie du es früher auch gemacht hast, in den Bus oder die Bahn. Was siehst du um dich herum? Fröhliche Gesichter? Bestimmt nicht. Du musst die Leute nicht einmal fragen, ob sie sich auf den heutigen Arbeitstag freuen, ob sie Spaß an ihrem Job haben. Zu 99 Prozent liest du an deren Gesichtern ab, dass das Gegenteil der Fall ist. Dir werden sie ansehen, dass du den Weg aus der Masse gegangen und deinem Herzen gefolgt bist. Vielleicht bringst du damit ja sogar jemanden zum Nachdenken. Du kannst diesen Ausflug in dein früheres Leben auch mit einem Museumsbesuch verbinden. Schau dir die alten Meister an. Warum sind wir heute noch so fasziniert von ihnen? Weil sie ebenfalls unkonventionell waren und dadurch Meisterwerke geschaffen haben. Dabei hat ihnen niemand geholfen, sie haben sie selber geschaffen, gegen jeden Widerstand, durch ihre eigene Energie.

Dein Leben

Dein Leben soll nicht nur dein Spiel sein, es soll auch dein Meisterwerk sein.

Epilog

Denke ich daran, was du und andere erreichen können, kommt mir manchmal mein eigenes Leben in den Sinn, mein Leben, meine Kindheit und wie alles begann. Dann bin ich im Geist und mit meiner Seele einfach wieder dort, wo ich aufwuchs. Oder ich bin tatsächlich da, körperlich - das spielt keine Rolle. In Tuggen, dem 3.000-Seelen-Dorf. Irgendwo in der Schweiz. Und wenn ich den Fußballplatz sehe, der eigentlich eher ein Acker mit Linien ist, dann denke ich daran, wie ich zum ersten Mal meine Fußballschuhe schnürte. So wie es mir meine Mutter beigebracht hatte, ordentlich, so wie es mir mein Vater beigebracht hatte, fest, um Halt zu haben. Wie ich begierig darauf war, die ersten Bälle mit meinen Mannschaftskameraden zu kicken. Wie ich dem Schiri zeigen wollte, dass der kleine Philipp Ritter seinen Familiennamen zu Recht trägt. Wie ich begierig darauf war zu lernen, immer besser zu werden, der beste Fußballer zu sein, der ich sein könnte.

Mir kommen die vielen Siege in den Kopf, aber auch die Niederlagen, die ich erlitten habe. Die Niederlagen, aus denen ich so unendlich mehr gelernt habe als aus den Triumphen. Es ist komisch, dass man so wenig darüber nachdenkt, was aus gewonnenen Spielen zu lernen ist. Wir arbeiten doch immer auf den Sieg hin. Reicht es uns zu wissen, dass wir besser waren als der Gegner? Sollten wir nicht analysieren, was wir besser und der andere schlechter gemacht haben? Ob es Können, Geschick oder Zufall war? Warum gehen wir nach einem Sieg und der Freude darüber so schnell zur Tagesordnung über? Vielleicht sollte ich mir für meine zweite Halbzeit im Leben vornehmen, mir darüber Gedanken zu machen. Wie ist es mit dir? Wie willst du dein Leben gestalten, deine persönliche zweite Halbzeit? Bist du bereit, neue und eigene Wege zu beschreiten? Solltest du deine Zukunft im Network-Marketing sehen (oder du bereits ein Teil davon sein), dann wird dir der Zauber nicht verborgen bleiben, der darin liegt. In dieser einzigartigen, aufregenden Welt.

Es ist still hier auf dem Sportplatz in Tuggen. Ich atme die klare Luft der Berge ein. Ich genieße die Ruhe und die Erinnerungen, die dieser Ort für immer in sich birgt und die ein wunderbarer Teil meiner Vergangenheit sind. Mein Spiel dauert an, meine 90 Minuten sind relativ. Es ist ein spannendes Spiel, mitreißend und packend. Ich stehe auf dem Feld, habe den Sieg klar vor Augen. Und mich überkommt ein Gefühl von Demut und unendlicher Dankbarkeit für das, was ich bis zu diesem Zeitpunkt erleben durfte.

Ich schaue nach links und rechts. Meine Mitspieler warten auf den Wiederanpfiff. Die Aufstellung stimmt, das Team ist bis in die Zehenspitzen motiviert. Ich werde meinen Teil dazu beitragen, mein Bestes und alles geben. Und wir werden den Sieg davontragen, davon bin ich felsenfest überzeugt. Weil wir diejenigen sind, die immer wieder dazugelernt haben. Die wissen, dass das Lernen niemals aufhört, dass jede Erfahrung dich weiterbringt. Wenn du es willst.

Egal, ob auf dem Platz, im Business oder anderswo in deinem Leben. Wenn ich sage, dass mein Geschäft weiter wachsen soll, wenn mein nächstes Ziel das Erreichen von einer Million Schweizer Franken im Jahr ist, bedeutet das nicht, dass mir der Status als Millionär wichtig ist. Für mich bedeutet das Freiheit. Die Summe spielt keine Rolle, sie ist so individuell wie du selber. Was ich aber in dieser Liga erreichen kann, ist noch mehr Menschen im Bereich Persönlichkeitsentwicklung und Verbesserung der Lebensqualität auf ein neues Level zu verhelfen. Ja, sie finanziell unabhängig zu machen und ihnen beim Aufbau eines Business zu helfen, welches sie auch zeitlich und geographisch frei macht.

Für mich ist meine Branche eine Lebensbühne, in der es um viel mehr geht, als nur Geld zu verdienen. Es geht darum, Menschen wahrzunehmen, ihnen zu helfen, ihre Probleme zu lösen und sie stark und groß zu machen. Ich will Leute aufbauen, ihnen Mut machen, an sie glauben. Und das gerade in der heutigen Zeit, in der immer mehr automatisiert wird. Sachkompetenz und Persönlichkeit sind für mich Schlüsselbegriffe in der Vergangenheit, der Gegenwart und der Zukunft.

Wenn es dich interessiert, will ich noch einige Worte zu meinen Zielen sagen. Ich werde dafür sorgen, dass Ethik, Respekt und Nachhaltigkeit auch weiterhin in meinem Business eine entscheidende Rolle spielen werden, denn nur so kann ich Zukunftspläne schmieden, in denen ich 100 weitere Personen in meinem Team sehe, die ich dazu führe, dass sie mit Hilfe von Network-Marketing eine finanziell sichere und sorgenfreie Zukunft aufbauen können. Sie sind das Herzstück des Erfolges, der Motor, ohne den es nicht geht. Und wenn du einer von ihnen bist oder werden wirst, so hätte sich jedes einzelne Wort in diesem Buch bereits jetzt gelohnt.

Unser Traum

*Und wer weiß, vielleicht haben wir dann sogar
den gleichen Traum: Ein Wohnsitz am Meer,
von dessen Terrasse man den Sonnenuntergang genießen
und über die gemeinsamen Erfolge philosophieren kann.
Ich lade dich gerne dazu ein.*

Wie gesagt, ich bin noch mitten im Spiel. Genauer gesagt in der Halbzeitpause. Ich will kurz innehalten für etwas, das mir schon lange auf dem Herzen liegt und das ich in meinem Innersten schon x-mal gedacht und gefühlt habe. Es aber vielleicht noch nicht oder nicht genug verbalisiert habe. Ich möchte mich bedanken: Bei allen Team-Mitgliedern meiner Organisation, bei meiner Familie und jedem, der mich bisher auf dem Weg begleitet hat. Ihr alle seid ein Teil dessen, was ich heute verkörpere. Ihr alle habt den Philipp Ritter, der ich jetzt bin, mitgestaltet und unseren gemeinsamen Erfolg ermöglicht. Jeder auf seine ganz persönliche Art und Weise, mit seinen eigenen Spielzügen. Ihr alle habt mir geholfen, erfolgreich zu sein und deswegen könnt ihr euch meiner Unterstützung sicher sein. Ihr seid mein persönliches Netzwerk und ich würde es gegen nichts auf dieser Welt tauschen. Danke an jeden einzelnen, danke an euch alle.

Jetzt müsst ihr mich bitte wieder entschuldigen. Ich höre den Anpfiff zur zweiten Halbzeit. Zu meiner zweiten Halbzeit im Spiel meines Lebens. Mit euch im Herzen, ihr seid meine Mannschaft, ohne die der Ball nicht rollen würde. Ihr spielt ihn mir zu, ich spiele ihn euch zurück. Wir spielen gemeinsam weiter und weiter, bis zum Abpfiff. Das Spiel bleibt spannend.

Dein
Philipp Ritter

Es geht weiter

Für mich ist meine Branche eine Lebensbühne

Philipp Ritter

Meine Erfolgsgeschichte

ICH bin COACH PHIL RITTER

UND DAS ist meine GESCHICHTE

Zuerst IGNORIERTEN SIE MICH

DANN LACHTEN sie über MICH

DANN bekämpften SIE MICH

und DANN IGNORIERTE ICH SIE!

ICH FOLGTE einfach weiter MEINEM HERZEN,

NUR dein WEG KANN dich GLÜCKLICH MACHEN

LASS die LÜGEN DER WELT nicht DEINE werden

LASS DIR niemals EINREDEN, DASS du ETWAS

nicht ERREICHEN kannst!

LASS DIR niemals EINREDEN, DASS DU nicht GUT GENUG BIST!

LASS DIR NIEMALS einreden, DASS DU scheitern WIRST!

HALTE AN deinen TRÄUMEN FEST UND MACH dein DING!

AM ENDE IST NUR entscheidend, DASS DU

DEINE TRÄUME niemals AUFGIBST!

WER KEINE Träume HAT, DER hat schon VERLOREN!

WER seine TRÄUME NIEMALS AUFGIBT, der KANN

NICHT VERLIEREN!

ES IST DEIN LEBEN – NUTZE ES!

Was waren deine persönlichen Learnings (Diamanten)
aus diesem Buch?
Notiere hier, was du in Zukunft nicht mehr tun wirst.

_____

_____

_____

_____

_____

_____

_____

_____

_____

_____

_____

_____

Stoppe das, was dich aufhält, sofort. Verschenke keine Zeit!

Was waren deine persönlichen Learnings (Diamanten)
aus diesem Buch?
Notiere hier, was du für deinen Erfolg tun wirst.

Beginne sofort damit, dein Leben zu verändern.
Der Erfolg wartet auf dich.

Du findest Coach Phil Ritter unter

www.coachphil.de/Facebook

www.coachphil.de/Instagram

www.coachphil.de/YouTube

http://www.coachphil.de

Quellennachweise

Seite 41
„Schiri, ist das hier das Finale?"
Christoph Kramer
Quelle: welt.de, 17.07.2014

Seite 64
„Erfolg ist kein Zufall.
Es ist harte Arbeit, Ausdauer, Lernen,
Studieren, Aufopferung, jedoch vor allem,
Liebe zu dem, was du tust oder dabei bist zu lernen."
Pele
Quelle: Buch „Besessenheit perfekt zu sein"

Seite 77
„Du hörst erst mit Lernen auf, wenn du aufgibst."
Ruud Gullit
Quelle: fussballschau.com

Seite 96
„Da steckste nicht drin."
Jupp Derwall
* Quelle: spiegel.de, 30.05.2009

Seite 119
„Ich möchte Spieler, die stets bestrebt sind, sich zu verbessern."
Gordon Strachan
Quelle: gruene-zitate.de